Windows 程序设计基础
——基于.NET 平台

王新强　主编

南开大学出版社
天　津

图书在版编目(CIP)数据

Windows 程序设计基础：基于.NET 平台 / 王新强主编. —天津：南开大学出版社，2016.7(2020.1重印)
ISBN 978-7-310-05124-3

Ⅰ. ①W… Ⅱ. ①王… Ⅲ. ①Windows 操作系统—程序设计 Ⅳ. ①TP316.7

中国版本图书馆 CIP 数据核字(2016)第 125234 号

版权所有　侵权必究

南开大学出版社出版发行
出版人：陈敬
地址：天津市南开区卫津路 94 号　邮政编码：300071
营销部电话：(022)23508339　23500755
营销部传真：(022)23508542　邮购部电话：(022)23502200
*
三河市同力彩印有限公司印刷
全国各地新华书店经销
*
2016 年 7 月第 1 版　2020 年 1 月第 5 次印刷
260×185 毫米　16 开本　15 印张　376 千字
定价：49.00 元

如遇图书印装质量问题，请与本社营销部联系调换，电话：(022)23507125

企业级卓越互联网应用型人才培养解决方案

一、企业概况

天津滨海迅腾科技集团是以 IT 产业为主导的高科技企业集团,总部设立在北方经济中心——天津,子公司和分支机构遍布全国近 20 个省市,集团旗下的迅腾国际、迅腾科技、迅腾网络、迅腾生物、迅腾日化分属于 IT 教育、软件研发、互联网服务、生物科技、快速消费品五大产业模块,形成了以科技为源动力的现代科技服务产业链。集团先后荣获"全国双爱双评先进单位""天津市五一劳动奖状""天津市政府授予 AAA 级和谐企业""天津市文明单位""高新技术企业""骨干科技企业"等近百项殊荣。集团多年中自主研发天津市科技成果 2 项,自主研发计算机类专业教材 36 种,具备自主知识产权的开发项目包括"进销存管理系统""中小企业信息化平台""公检法信息化平台""CRM 营销管理系统""OA 办公系统""酒店管理系统"等数十余项。2008 年起成为国家工业和信息化部人才交流中心"全国信息化工程师"项目联合认证单位。

二、项目概况

迅腾科技集团"企业级卓越互联网应用型人才培养解决方案"是针对我国高等职业教育量身定制的应用型人才培养解决方案,由迅腾科技集团历经十余年研究与实践研发的科研成果,该解决方案集三十余本互联网应用技术教材、人才培养方案、课程标准、企业项目案例、考评体系、认证体系、教学管理体系、就业管理体系等于一体。采用校企融合、产学融合、师资融合的模式在高校内建立校企共建互联网学院、软件学院、工程师培养基地的方式,开展"卓越工程师培养计划",开设互联网应用技术领域系列"卓越工程师班","将企业人才需求标准引进课堂,将企业工作流程引进课堂,将企业研发项目引进课堂,将企业考评体系引进课堂,将企业一线工程师请进课堂,将企业管理体系引进课堂,将企业岗位化训练项目引进课堂,将准职业人培养体系引进课堂",实现互联网应用型卓越人才培养目标,旨在提升高校人才培养水平,充分发挥校企双方特长,致力于互联网行业应用型人才培养。迅腾科技集团"企业级卓越互联网应用型人才培养解决方案"已在全国近二十所高校开始实施,目前已形成企业、高校、学生三方共赢格局。未来五年将努力实现在 100 所高校实施"每年培养 5~10 万互联网应用技术型人才"发展目标,为互联网行业发展做好人才支撑。

前　言

首先感谢您选择了企业级卓越互联网应用型人才培养解决方案，选择了本教材。本教材是企业级卓越互联网应用型人才培养解决方案的承载体之一，面向行业应用与产业发展需求，系统传授软件开发全过程的理论和技术，并注重 IT 管理知识的传授和案例教学。本书主要讲解数据库基础知识以及使用 C#语言编写应用程序。这本书是提高读者企业编程语言能力的一条捷径。

本书的特点是由浅入深，从最基本的数据库开始讲起，逐步深入到面向对象、Windows 程序设计、数据库高级等编程方法。在介绍语法时，本书并没有像一些语法书那样教条死板地讲定义，而是利用示例代码生动地让读者在实践中体会一个个知识点。

本书第 1 章介绍了 Windows 开发的基础知识，让初学者了解事件编程，开始编写第一个窗体应用程序。第 2 章介绍了 C#语言面向对象的三大特性，以及 C#语言的基本数据类型、运算符、表达式和控制流程，让读者对 C#语言有更深一步的认识。第 3 章介绍了 WinForm 窗体控件，主要包括对窗体、控件和属性等概念的理解，如何实现窗体间的跳转，以及 MessageBox 对象的应用。第 4 章主要介绍了常用控件，包括 Lable 和 TextBox 的使用，CheckBox、RadioButton、ComboBox 和 ListBox 的使用，NumericUpDown 和 pictureBox 的使用等。第 5 章主要介绍了 Panel、GroupBox 容器控件和 MenuStrip 等菜单控件。第 6 章介绍了 Connection、Command、DataAdapter、DataReader、DataSet 对象，用 DataGridView 显示数据，用 ComboBox 显示数据，使用 DataReader 读取数据并显示。第 7 章介绍了如何向数据库中增加、删除和修改数据，以及 C#的异常处理方法。

由于作者水平有限，加之计算机技术博大精深，书中难免有不当和疏漏之处，在内容选取和叙述上也难免有不当之处。欢迎广大读者对本书提出批评和建议，我们的邮箱是：develop_etc@126.com。

天津滨海迅腾科技集团有限公司课程研发部
2016 年 5 月

目 录

理论部分

第1章 Windows 开发基础知识 ... 3
1.1 Windows 开发基本知识 ... 3
1.2 Windows 窗体特性 ... 5
1.3 Windows 窗体应用程序模型 ... 6
1.4 集成开发环境（VS.NET 2012） ... 7
1.5 第一个 Windows 窗体应用程序示例 ... 12
1.6 认识 Windows 窗体应用程序文件夹结构 ... 14
1.7 使用命名空间 ... 18
1.8 小结 ... 18
1.9 英语角 ... 19
1.10 作业 ... 19
1.11 思考题 ... 19

第2章 C#语言 ... 20
2.1 C#的特性 ... 20
2.2 Console 类 ... 23
2.3 数据类型 ... 28
2.4 变量 ... 30
2.5 表达式 ... 32
2.6 流程控制 ... 36
2.7 小结 ... 42
2.8 英语角 ... 42
2.9 作业 ... 42
2.10 思考题 ... 42

第3章 WinForm 基础 ... 44
3.1 基于事件的编程 ... 44
3.2 Windows 窗体控件 ... 45

3.3	按钮控件	49
3.4	实现窗体间的跳转	51
3.5	MessageBox 对象的应用	51
3.6	小结	60
3.7	英语角	60
3.8	作业	60
3.9	思考题	61

第 4 章 Windows 窗体常用控件 62

4.1	Label（标签控件）和 LinkLabel（超链接标签控件）	63
4.2	TextBox（文本框控件）	66
4.3	CheckBox（复选框控件）	73
4.4	RadioButton（单选框控件）	74
4.5	ComboBox（组合框控件）	76
4.6	ListBox（项目列表控件）	78
4.7	NumericUpDown（数字显示框控件）	80
4.8	PictureBox（图片框控件）	82
4.9	小结	86
4.10	英语角	86
4.11	作业	87
4.12	思考题	87

第 5 章 C#Windows 容器控件和菜单控件 88

5.1	GroupBox	88
5.2	Panel	91
5.3	TabControl	93
5.4	TabPage	95
5.5	StatusStrip	96
5.6	MenuStrip	98
5.7	上下文菜单	101
5.8	ToolStrip	102
5.9	小结	105
5.10	英语角	106
5.11	作业	106
5.12	思考题	107

第 6 章 ADO.NET 简单应用（1） 108

6.1	ADO.NET 概述	108
6.2	Connection 对象	110

6.3 Command 对象 ... 113
6.4 DataGridView 控件 ... 115
6.5 DataSet、DataAdapter 对象 ... 116
6.6 DataReader 对象 ... 125
6.7 趣谈 ADO.NET 对象模型 ... 129
6.8 小结 ... 131
6.9 英语角 ... 131
6.10 作业 ... 131
6.11 思考题 ... 132

第 7 章 ADO.NET 简单应用（2） ... 133

7.1 异常处理 ... 133
7.2 对数据库数据的添加操作 ... 138
7.3 对数据库数据的删除操作 ... 143
7.4 对数据库数据的修改操作 ... 147
7.5 数据库增删改操作小结 ... 153
7.6 小结 ... 153
7.7 英语角 ... 154
7.8 作业 ... 155
7.9 思考题 ... 155

上机部分

第 1 章 Windows 开发基础知识 ... 159

1.1 指导（60 分钟） ... 159
1.2 练习（60 分钟） ... 163
1.3 作业 ... 163

第 2 章 C#语言 ... 164

2.1 指导（60 分钟） ... 164
2.2 练习（60 分钟） ... 173
2.3 作业 ... 174

第 3 章 WinForm 基础 ... 175

3.1 指导（60 分钟） ... 175
3.2 练习（60 分钟） ... 181
3.3 作业 ... 181

第 4 章 Windows 窗体常用控件 ... 182

4.1 指导（60 分钟） ... 182

4.2　练习（60分钟）..189
　4.3　作业..192

第5章　C#Windows 容器和菜单控件..193
　5.1　指导（60分钟）..193
　5.2　练习（60分钟）..204
　5.3　作业..204

第6章　ADO.NET 的简单应用（1）..205
　6.1　指导（60分钟）..205
　6.2　练习（60分钟）..213
　6.3　作业..219

第7章　ADO.NET 简单应用（2）..220
　7.1　指导（60分钟）..220
　7.2　练习（60分钟）..226
　7.3　作业..229

理论部分

理由十六

第 1 章 Windows 开发基础知识

学习目标

- ◆ 了解 Windows 应用程序模型。
- ◆ 理解 Windows 窗体（Form）。
- ◆ 掌握集成开发环境（VS.NET 2012）。

1.1 Windows 开发基本知识

在前面介绍的一些编程中，我们只有在控制台命令下进行输入一些简单的数据，然后应用程序把结果在控制台上输出，这个和我们现在使用的应用程序有很大的区别，现在的应用程序只要在屏幕上点击一些按钮，在一些框中输入内容，就好像 MSN、Office 等应用程序，我们把这些有图形用户界面（GUI）的应用程序称为 Windows 应用程序。

我们要进行 Windows 应用程序编程，首先要了解一些 Windows 应用程序的基本知识。下面我们就来介绍一些 Windows 应用程序的基本知识。

Windows 应用程序一般拥有图形用户界面，这种界面也称作"视觉化界面"或"图形窗口环境"。图形用户界面概念的出现改变了原有的应用程序的开发和运行方式，它把个人电脑上的各种技术都融合在了一起。

所有图形用户界面都在点矩阵对应的视频显示器上处理图形。图形提供了使用屏幕的最佳方式、传递信息的视觉化的环境，以及能够体现所见即所得（What you see is what you get）的图形视频显示，还可以为书面文件准备好格式化文本输出内容。

在 DOS 时代，视频显示器仅用于回应用户通过键盘输入的文本。现在，在 Windows 图形用户界面中，视频显示器自身成为用户输入的一个来源。视频显示器以图形和输入设备（例如按钮和滚动条）的形式显示多种图形对象。用户可以使用键盘（或者更直接地使用鼠标等指向设备）直接在屏幕上操纵应用程序，拖动应用程序的一些图形、按下鼠标按钮以及滚动滚动条。这个就好比我们在 DOS 时代的游戏一样，在 DOS 时代的游戏大多都是通过键盘来控制人物的行走，然后，游戏在显示器上通过文字描述来通知玩家发生什么事情了，用户再看屏幕上的文字来进行操作。但目前在 Windows 下的游戏就不是这样的了，我们通过图形知道我们在地图的什么地方，然后通过鼠标控制人物行走，碰到什么情况游戏都是通过图形来通知游戏玩家的。

这样，用户与程序的交流变得更为亲密。这不再是一种从键盘到程序，再到视频显示器的单向信息流动，用户已经能够与显示器上的对象直接交互作用了。

Windows 应用程序的用户不再需要花费长时间学习如何使用电脑或掌握新程序了。图形用户界面使 Windows 应用程序的操作变得非常的简单，因为所有应用程序都有基本相同的外观和感觉。程序占据一个窗口——屏幕上的一块矩形区域。每个窗口由一个标题列标识。大多数程序功能由程序的菜单开始。用户可使用滚动条观察那些无法在一个屏幕中装下的信息。某些菜单项目触发对话框，用户可在其中输入额外的信息。几乎在每个大的 Windows 程序中都有一个用于打开文件的特殊对话框。该对话框在所有这些 Windows 应用程序中看起来都一样（或接近相同），而且几乎总是从同一菜单选项中启动。

一旦我们了解一个 Windows 应用程序的使用方法，我们就非常容易学习其他的 Windows 应用程序。菜单和对话框允许用户实验一个新程序并探究它的功能。大多数 Windows 应用程序同时具有键盘界面和鼠标界面。虽然 Windows 应用程序的大多数功能可通过键盘控制，但使用鼠标要容易得多。

从程序开发的角度看，一致的用户界面来自于 Windows 建构菜单和对话框的内置程序。所有菜单都有同样的键盘和鼠标界面，因为这项工作是由 Windows 处理，而不是由应用程序处理。

那么接下来我们看看在 Windows 编程经常可以看到哪些术语。我们以一个普通的应用程序为例。下面是资源管理器系统界面，那么我们看看这个窗体由哪些 Windows 元素组成。图 1-1 为资源管理器的效果图。

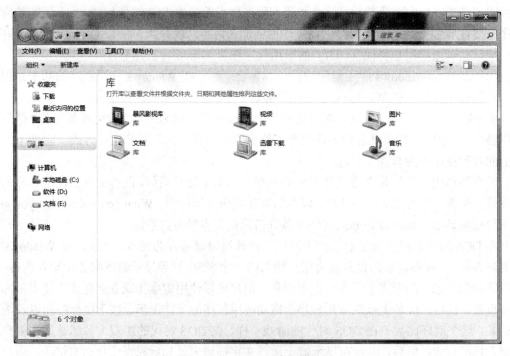

图 1-1　Windows 资源管理器

我们可以看到一个 Windows 应用程序首先要有一个窗口，内容都在窗体中，然后是标题，告知这个窗体的作用是什么，然后是菜单，就是这个窗体的一些操作，还有就是标签用来显示内容的，文本输入框是让用户输入内容的。所以，在 Windows 应用程序中看得最多的是窗口（Windows）。

1.2　Windows 窗体特性

我们采用微软的.NET Framework 平台开发 Windows 应用程序。.NET Framework 是微软用于支持生成和运行下一代应用程序 XML Web Services 的内部 Windows 组件。.NET Framework 旨在实现下列目标：提供一个一致的编程环境（而无论代码是在本地存储和执行，还是在本地执行，还是在 Internet 上分布，或者是在远程执行的）；提供一个将软件部署和版本控制冲突最小化的代码执行环境；提供一个可提高代码（包括由未知的或不完全受信任的第三方创建的代码）执行安全性的执行环境；提供一个可消除脚本环境或解释环境的性能问题的代码执行环境；使开发人员的经验在面对类型大不相同的应用程序（如基于 Windows 的应用程序和基于 Web 的应用程序）时保持一致；按照工业标准生成所有通信，以确保基于.NET Framework 的代码可与任何其他代码集成。公共语言运行库是.NET Framework 开发平台的一个核心，同时也是.NET Framework 开发平台的基础。

Windows 窗体就是利用公共语言运行库生成 Windows 客户端应用程序的框架。可用公共语言运行库支持的任何语言编写 Windows 窗体应用程序。Windows 窗体一般有以下好处：

简单而且功能强大：Windows 窗体是用于开发 Windows 应用程序的编程模型，它融合了像搭积木方式创建房子一样的简单性和公共语言运行库的强大功能和灵活性。

控件的结构：Windows 窗体提供用于控件和控件容器的结构，该结构基于控件和容器类的具体实现。这显著减少了控件和容器间的交互问题。在开发的时候，只要把一些控件，如按钮、菜单、文本输入框等拖入窗体中，不需要任何编码，就能实现在窗体上显示这些控件。也就是说，这些控件是预先提供好的，我们在编程的时候，只要把这些控件组织在一起。

安全性：Windows 窗体充分利用公共语言运行库的安全功能。这意味着 Windows 窗体可用于实现所有内容，从在浏览器中运行的不受信任的控件到安装在用户硬盘的完全受信任的应用程序，范围十分广泛。

丰富的图形：Windows 窗体是图形设备接口（GDI）的一个实现，图形设备接口支持 Alpha 混合效果、纹理画笔、高级转换和多格式文本支持等。这样，我们可以在窗体上画各种系统没有提供的图形。

灵活的控件：Windows 窗体提供一组丰富的控件，其中包含 Windows 提供的所有控件。这些控件还提供新功能，如用于按钮、单选按钮和复选按钮的"平面"样式。有关控件的完整列表，请参考 1.3.2。

数据识别功能：Windows 窗体可以通过 ADO.NET 数据模式直接方便地访问数据库。

设计时支持：Windows 窗体为控件用户和控件实施者提供全面的设计时支持，提供直接在设计时修改控件属性来改变控件的显示效果。对象是指具有数据、行为和标识的编程结构。例如，我们可以把一面墙看作为一个具体对象，那么墙的颜色就是这面墙的一个属性（即对象属性）。对象是指具有数据和行为的一个实体。这里的数据一般称为对象的属性，行为称为对象的方法。

1.3 Windows 窗体应用程序模型

Windows 窗体的应用程序编程模型主要由窗体、控件和事件组成。在这里我们将讲述 Windows 窗体应用程序模型的以下方面：窗体、控件、事件、属性和生存期。

1.3.1 窗体

窗体是 Windows 本身及 Windows 环境下的应用程序的基本界面单位。在.NET Framework 平台下，Windows 窗体是一个 Form 的对象。在 Windows 窗体中，Form 对象是应用程序中显示的任何窗体的表示形式。

1.3.2 控件

我们在应用程序中经常看到一些按钮、文本输入框、下拉选择框、单选按钮和复选框等等，这些在.NET Framework 开发平台上统称为控件。我们在开发应用程序时只需从工具箱中把它们拖入到窗体上就可以了。如果我们要让用户输入的话，我们可以把文本输入框拖入到窗体中；如果我们要让用户从多个选项中选择一个，我们可以把下拉选择框拖入到窗体中即可。

我们可以通过设置这些控件的属性来达到不同的显示效果。

1.3.3 属性

控件的属性就是控件的特性，也称为对象属性，是用来表示控件对象特征的数据，如按钮控件有背景色，前景色，字体大小等属性。我们在开发应用程序时需要在属性窗口设置控件的属性。

控件的属性决定了控件的外观和操作。可以用两种方法来设置。一种是通过窗口设置，另外一种是在程序事件过程中通过程序代码设置。

1.3.4 事件

Windows 窗体编程模型基于事件，即 Windows 程序是由事件驱动的。换句话说，事件驱动的程序是由事件的发生来控制。这种设计思想是一种非顺序方式处理事件，从而避开了顺序的过程处理方法。如当用户在应用程序上用鼠标点击按钮时，就发生了按钮点击的事件，此时我们只要在按钮点击事件处理程序中加入相应的处理就实现了我们想要的功能。

事件的含义很广泛，最常见的是鼠标事件，包括鼠标移动、鼠标左右键的单击双击、鼠标位于窗口的位置等。应用程序启动后，程序等候事件的发生，当某事件发生时就进行相应的处理、执行特定的功能。事件也可以由用户自己来定义。我们在本教材中只讲述一些简单事件的应用。

1.3.5 生存期

"生存期"是指对象可供使用的时间周期。比如，当我们要使用一个窗体的时候，首先要创建该窗体,这个时候,该窗体开始了它的生命周期,当我们不再使用该窗体,关闭该窗体的时候,该窗体就被释放,窗体的生命周期就结束了。我们只有在窗体的生命周期中才能使用该窗体,否则会出现错误。控件也是如此。

1.4 集成开发环境(VS.NET 2012)

Visual Studio 2012 是一套完整的开发集,用于生成 ASP.NET Web 应用程序、XML Web Services、桌面应用程序和移动应用程序。Visual Basic、Visual C++、Visual C#和 Visual J#全都使用相同的集成开发环境(IDE),利用此集成开发环境可以共享工具且有助于创建混合语言解决方案。在本书中,我们仅使用 C#编程语言。首先,我们打开 Visual Studio 2012 集成开发环境,看看其界面和为开发人员提供了哪些功能,效果如图 1-2 所示。

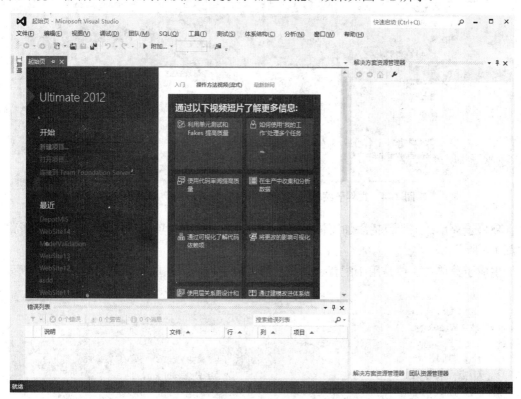

图 1-2　Visual Studio 2012 开发环境

Visual Studio 产品家族共享一个集成开发环境(IDE)。IDE 由若干元素组成:菜单工具栏、标准工具栏,停靠或自动隐藏在左侧、右侧、底部以及编辑器空间的各种工具窗口。在任何给定时间,可用的工具窗口、菜单和工具栏取决于所处理的项目或文件类型。

1.4.1 菜单栏

主菜单主要包括文件、编辑、视图、调试、团队、SQL、工具、测试、体系结构、分析、窗口和帮助等子菜单。图 1-3 为菜单栏的效果图。

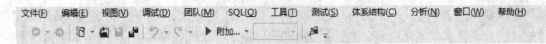

图 1-3 菜单栏

下面我们就着重介绍几个主要的子菜单和一些常用的工具：

文件子菜单：主要包括新建、打开、保存和关闭解决方案、导出模版、源代码管理以及最近文件、退出等功能。其中添加功能主要是向方案或项目中添加新的项目或现有项目。文件子菜单的效果如图 1-4 所示。

编辑子菜单：主要是文本内容的剪切、撤销、查找和替换等功能。编辑子菜单功能如图 1-5 所示。

图 1-4 文件子菜单

图 1-5 编辑子菜单

项目子菜单：主要包括添加窗体、控件、类、引用和设置项目属性等功能。项目子菜单如图 1-6 所示。

生成子菜单：主要是用于配置、生成或清理应用程序。生成子菜单功能如图 1-7 所示。

图 1-6 项目子菜单

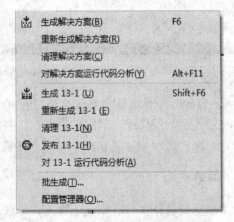

图 1-7 生成子菜单

调试子菜单：主要用于跟踪和调试应用程序。调试子菜单功能如图 1-8 所示。
SQL 子菜单：主要是关于数据源的设置，具体功能如图 1-9 所示。

图 1-8　调试子菜单　　　　　　　图 1-9　数据子菜单

工具子菜单：主要对一些常用的工具进行管理。工具子菜单功能如图 1-10 所示。

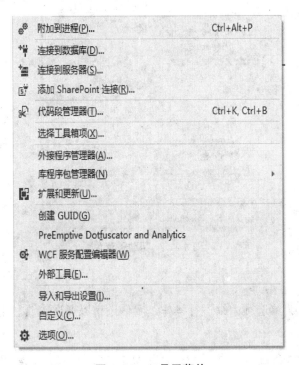

图 1-10　工具子菜单

测试子菜单：主要用于项目测试过程的管理。其主要功能如图 1-11 所示。

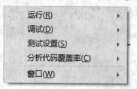

图 1-11　测试子菜单

分析子菜单：主要用于分析解决方案的代码，其主要功能如图 1-12 所示。

图 1-12　分析子菜单

帮助子菜单：是 Visual Studio 2012 集成开发环境比较常用的功能，主要提供各类资源的帮助。其功能如图 1-13 所示。

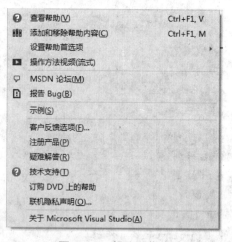

图 1-13　帮助子菜单

1.4.2　工具栏

不但我们可以从菜单选项中来进行操作，我们还可以通过工具栏上面的按钮进行操作。工具栏如图 1-14 所示。

图 1-14　工具栏

在该工具栏上有一些图形，我们把这些称为（icon），这些图标代表着一些命令。

图 1-14 所显示的是一个默认的工具栏，该工具栏在我们第一次打开 VS 2012 的时候就可以看到，还有很多其他的工具栏我们可以使用。我们可以在菜单中选中"视图"→"工具栏"，在出现的菜单中，选中你要显示的工具栏，这样就会在 Visual Studio 2012 软件上方出现你选中的工具栏，当然，当我们不想再要该工具栏时，我们可以把选中取消。

1.4.3 工具箱

这个是 Visual Studio 2012 集成开发环境用于不同（Web 和 Windows）窗体开发的工具栏，该工具箱主要包含开发这些窗体的常用控件。图 1-15 为开发 Windows 窗体的控件工具箱，并对这些控件进行了分类（这些控件将在后面的章节中详细介绍）。

图 1-15　窗体开发工具栏

1.4.4 解决方案资源管理器

主要用于对解决方案和项目进行管理，其主要组成是文件（类文件或窗体文件）。如图 1-16 所示。

图 1-16 解决方案资源管理器

属性窗口：主要用于对解决方案、项目、窗体和控件的属性进行设置。如图 1-17 所示为窗体属性设置。

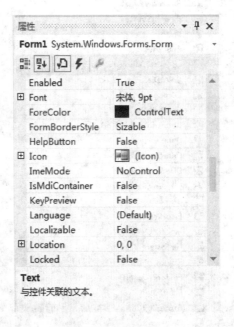

图 1-17 属性窗口

通过上面的介绍，我们基本了解了 Visual Studio 2012 集成开发环境的一些主要特性和功能。

1.5 第一个 Windows 窗体应用程序示例

在.NET Framework 中，Windows 窗体和控件基本上都在 System.Windows.Forms 命名空间下。下面我们通过 Visual Studio 2012 集成开发环境来创建第一个 Windows 窗体应用程序。

通过我们前面的介绍，我们大致了解了 Visual Studio 2012 集成开发环境的使用。下面是我们建立第一个 Windows 窗体应用程序的过程。

第一步：启动 Visual Studio 2012 集成开发环境。

第二步：通过菜单"文件"→"新建"→"项目"来建立一个新的项目，图 1-18 是新建项目的界面。

图 1-18 新建项目的界面

在项目类型中选择"Visual C#"，在模板中选择 Windows 窗体应用程序，名称中输入对应的应用程序名称，在位置中选择项目保存的文件夹。

第三步：在新建项目中点击"确定"后，将看到下面的一个界面，其中 Visual Studio 2012 会自动生成一个 Windows 窗体和主程序文件，如图 1-19 所示。

我们在新建项目点击"确定"后，Visual Studio 2012 集成开发环境自动帮我们建立了几个缺省默认的文件，它们分别是 Program.cs、Form1.cs 和 Form1.Designer.cs。对这几个文件的详细介绍，请参考 1.6 节。

第四步：通过启动应用程序调试（或通过菜单"调试"→"启动调试"）或通过按 F5 键启动程序，我们将看到我们的第一个 Windows 窗体应用程序。图 1-20 为运行效果。

我们还可以通过菜单"生成"→"生成解决方案"来编译应用程序。

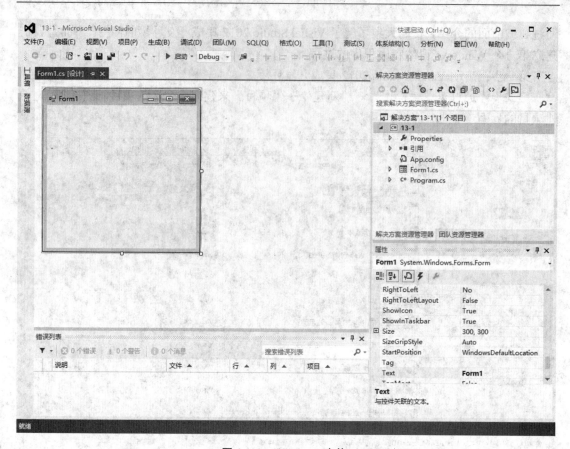

图 1-19　Windows 窗体

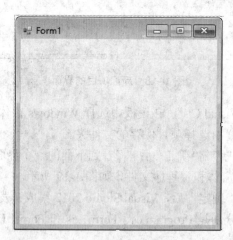

图 1-20　第一个 Windows 窗体应用程序

1.6　认识 Windows 窗体应用程序文件夹结构

创建了第一个 Windows 窗体后，我们来看看解决方案资源管理器中的文件。如图 1-21 所示。

图 1-21 解决方案资源管理器

Form1.cs 就是窗体文件，我们对窗体编写的代码一般都在这个文件中。

示例代码 1-1：Form1.cs
```
using System;
using System.Collections.Generic;
using System.ComponentModel;
using System.Data;
using System.Drawing;
using System.Text;
using System.Windows.Forms;

namespace EBuy
{
  //声明一个窗体
  public partial class Form1 : Form
{
//窗体初始化
   public Form1()
   {
     //初始化窗体组件
     InitializeComponent();
   }
 }
}
```

展开 Form1.cs 文件前的加号，会看到 Form1.Designer.cs 文件，这个文件是窗体设计文件，其中的代码是我们在对窗体进行设计时 VS 自动产生的，我们一般不会去修改它。

示例代码 1-2: Form1.Designer.cs

```csharp
namespace EBuy
{
    partial class Form1
    {
        /// <summary>
        /// 必需的设计器变量
        /// </summary>
        private System.ComponentModel.IContainer components = null;

        /// <summary>
        /// 清理所有正在使用的资源
        /// </summary>
        /// <param name="disposing">如果应释放托管资源，为 true；否则为 false</param>
        protected override void Dispose(bool disposing)
        {
            if (disposing && (components != null))
            {
                components.Dispose();
            }
            base.Dispose(disposing);
        }

        #region Windows 窗体设计器生成的代码

        /// <summary>
        /// 设计器支持所需的方法 - 不要
        /// 使用代码编辑器修改此方法的内容
        /// </summary>
        private void InitializeComponent()
        {
            this.SuspendLayout();
            //
            // Form1
            //
            this.AutoScaleDimensions = new System.Drawing.SizeF(6F, 12F);
            this.AutoScaleMode = System.Windows.Forms.AutoScaleMode.Font;
            this.ClientSize = new System.Drawing.Size(292, 266);
```

```
            this.Name = "Form1";
            this.Text = "Form1";
            this.Load += new System.EventHandler(this.Form1_Load);
            this.ResumeLayout(false);
        }
        #endregion
    }
}
```

Program.cs 是主程序文件，其中包含程序的入口 Main()方法。

打开 Program.cs 文件，代码如下：

示例代码 1-3：Program.cs

```csharp
using System;
using System.Collections.Generic;
using System.Windows.Forms;

namespace EBuy
{
    static class Program
    {
        /// <summary>
        /// 应用程序的主入口点
        /// </summary>
        [STAThread]
        static void Main()
        {
            Application.EnableVisualStyles();
            Application.SetCompatibleTextRenderingDefault(false);
            Application.Run(new Form1());
        }
    }
}
```

Main()方法也是 VS 自动生成的，我们看 Main()函数的第三行，"Application.Run(new Form1());"，这条语句的作用是运行窗体。我们第一次要运行的窗体是 Form1。如果想修改程序第一个运行的窗体，只需要将所要修改的窗体名称 Form1 替换掉即可。

一般正常情况下我们关闭应用程序窗体，我们就退出了应用程序；如果需要应用程序关闭应用程序，需要使用 Application.Exit()来退出应用程序。

1.7 使用命名空间

在前面的示例中，我们从 Form1.cs 文件中看到了一些语句：
using System;
……
Namespace EBuy
{
class Form1 : Form
    {
        ……
    }
}

这些语句的作用是什么呢？这个应用示例是一个小的程序。当小的程序变成一个更大的程序。随着应用程序的规模增长，我们会发现程序代码越来越大而难于理解和维护以及需要更多的名称（更多的已命名的数据和更多的已命名的方法等等）。这些都会造成两个或多个名称冲突。

以前开发人员通过为名称附加限定符前缀来解决名称冲突问题。这样不是一个好的解决方案，因为不具备扩展性：名称变长了，编写程序的时间少了，打字的时间长了，而且还要反复阅读难于理解的长名字。命名空间（Namespace）就是为了解决这个问题而产生的。如果同名的两个名称在不同的命名空间下，它们也不会混淆。

如果使用一个类就必须写上其完全的限定名称，这样给我们的编程带来很大的不便。幸运的是，我们可以使用 using 语句来解决该问题。using 语句限定了即将使用的命名空间，在后续的代码中，不需要再用命名空间来显式的限定每一个名称。using 语句类似我们 C 语言中的#include 预处理语句。

1.8 小结

- ✓ Windows 窗体应用程序模型。
- ✓ Visual Studio 2012 集成开发环境。

1.9 英语角

Form	窗体
Control	控件
Event	事件
Property	属性
Project	项目
Namespace	命名空间

1.10 作业

1. Visual Studio 2012 集成开发环境主要有哪些菜单和工具栏?
2. 练习第一个 Windows 应用程序。

1.11 思考题

1. Windows 窗体有哪些特性?
2. Windows 窗体显示样式如何更改?

第 2 章　C#语言

学习目标

- ◇ 了解面向对象的三大特性、类和对象的概念。
- ◇ 掌握 C#数据类型。
- ◇ 掌握 C#操作符和表达式。
- ◇ 掌握 C#流程控制。

课前准备

复习 C 语言的数据类型、表达式和流程控制语句。
预习 C#语言的数据类型、表达式和流程控制语句。

C#（读作"See Sharp"）是一种简单、现代、面向对象且类型安全的编程语言。C#语言是开发.NET 程序的首要语言。C#与 C 一样简洁和强大，并采用图形化编程设计，使得创建图形用户界面更容易。C#起源于 C 语言家族，因此，对于使用 C 语言家族的语言编程的程序员，可以很快熟悉这种新的语言。在本章中，我们将学习 C#语言的基本知识以及面向对象的特性，学习如何使用这些基本知识开发简单的应用程序，并通过几个简单的控制台（Console）应用程序示例来理解学到的基本知识。

2.1　C#的特性

2.1.1　面向对象的三大特性

面向对象编程（Object-oriented programming）是创建计算机应用程序的一种方法，它解决了传统编程技术带来的问题，下面我们将介绍面向对象的三大特性：

➤ 封装性（信息隐藏）

封装性是保证软件部件具有优良的模块性的基础。

面向对象的类是封装良好的模块，类定义将其说明（用户可见的外部接口）与实现（用户不可见的内部实现）显式地分开，其内部实现按其具体定义的作用域提供保护。

对象是封装的最基本单位。封装防止了程序相互依赖性而带来的变动影响。面向对象的封装比传统语言的封装更为清晰、更为有力。

> 继承性

继承性是子类自动共享父类数据结构和方法的机制，这是类之间的一种关系。在定义和实现一个类的时候，可以在一个已经存在的类的基础之上来进行，把这个已经存在的类所定义的内容作为自己的内容，并加入若干新的内容。——这个是面向对象（OO）的重点了！

继承性是面向对象程序设计语言不同于其他语言的最重要的特点，是其他语言所没有的。

在类层次中，子类只继承一个父类的数据结构和方法，则称为单重继承。在类层次中，子类继承了多个父类的数据结构和方法，则称为多重继承。

在软件开发中，类的继承性使所建立的软件具有开放性、可扩充性，这是信息组织与分类的行之有效的方法，它简化了对象、类的创建工作量，增加了代码的可重用性。

> 多态性

多态性是指相同的操作或函数、过程可作用于多种类型的对象上并获得不同的结果。不同的对象，收到同一消息可以产生不同的结果，这种现象称为多态性。——同一品种的狗根据不同的训练方式和自身的特点去响应共同的消息。

多态性增强了软件的灵活性和可重用性。

2.1.2 对象和类

> 对象

对象是人们要进行研究的任何事物，从最简单的整数到复杂的事物（例如：飞机、动物、天空）等均可看作对象，它不仅能表示具体的事物，还能表示抽象的规则、计划或事件。

对象具有状态，一个对象用数据值来描述它的状态。

对象还有操作，用于改变对象的状态，对象及其操作就是对象的行为。

对象实现了数据和操作的结合，使数据和操作封装于对象的统一体中。

下面我们看一句话：

睁开眼（Object:Eye）看见天（Object:Sky）亮了，那是光（Object:Light），抬头（Object:Head）望望窗（Object:Window）外，太阳（Object:Sun）出来了……

在这段话中，出现了六个对象，可见"一切皆为对象"哦……

> 类

具有相同或相似性质的对象的抽象就是类。因此，对象的抽象是类，类的具体化就是对象，也可以说类的实例是对象。

类具有属性，它是对象的状态的抽象，用数据结构来描述类的属性。

类具有操作，它是对象的行为的抽象，用操作名和实现该操作的方法来描述。

类是创建对象的模板，每个对象都包含数据，并提供处理和访问数据的方法。例如，如果用一个类 Person 表示人，就可以定义成员变量 name、age、sex、address，以包含人的信息，还可以定义成员方法来完成某个功能的单元模块，例如歌手会唱歌。如下：

```
class Person //类
{
    public  string  name; //成员变量
    public  int     age;
```

```
    public   string   sex;
    public   string   address;
    public Person()    //构造方法
    {
        //方法体
    }
    public void Sing() //成员方法
    {
        //方法体
    }
}
```

2.1.3 对象的实例化

在应用对象之前首先要创建对象，然后方可应用该对象的成员变量、成员方法等。创建对象的语法为：

类名 对象名 = new 类名();

在创建类的对象时，需要使用 C#的 new 关键字。如上面的 Person 类，我们可以这样来创建一个 Person 的对象：Person jay=new Person()，在创建完类的对象之后，可以直接使用点操作符"."来访问对象的成员变量和成员方法，对象名在圆点左边，而成员变量和成员方法在圆点右边，具体代码如下：

```
Person jay = new Person();    //new 为关键字，创建一个新对象 jay
jay.name = "周杰伦";          //访问成员变量 name，并赋值为周杰伦
jay.age = 32;                  //访问成员变量 age，并赋值为 32
jay.sex = "男";                //访问成员变量 sex，并赋值为男
jay.address = "中国台湾";      //访问成员变量 address，并赋值为中国台湾
jay.Sing();                    //调用 jay 对象的 Sing()方法
```

上面的代码中，创建了一个 Person 类的对象 jay，然后使用点操作符访问了成员变量和成员方法，那么如果我们想在创建另外一个 Person 的对象 gaga，该怎么办呢？其实答案很简单，只要在重新使用 new 关键字去创建对象 gaga 即可，代码如下所示：

```
Person gaga = new Person();
gaga.name = "Lady GaGa";
//其他成员变量……
gaga.Sing();
```

综上所述，类是一个抽象的描述，它并不占用存储空间，是一个"模板"而已，而对象是一个具体的"事物"，是根据这个"模板"创造出来的。所以，根据同一个类创建出来的对象具有相同的特征（成员变量）和行为（成员方法）。

2.2 Console 类

在前面一章中我们介绍了如何创建 Windows 窗体应用程序。在学习 C#语言基础时，我们还是以创建控制台应用程序为例。这里的控制台应用程序基本上和 C 语言的一样，只是 Visual Studio 2012 集成开发环境提供更好的方式来建立控制台应用程序。

2.2.1 第一个控制台应用程序

打开 Visual Studio 2012，点击"文件"→"新建"→"项目"，或者选择"新建项目"在 Visual C#中选择"控制台应用程序"，选择程序名称和位置后进入程序界面。图 2-1 是我们创建控制台应用程序项目的界面。

图 2-1 控制台应用程序

这个界面和前面一章中介绍创建 Windows 窗体应用程序一样，只是在模板的选择中有所不同，一个是 Windows 窗体应用程序，而另一个是控制台应用程序。在这里我们选择的是控制台应用程序，然后输入项目名称，点击确定，这样我们就已经建立了控制台应用程序框架。

这时系统生成一个名为 Program.cs 的程序文件。代码如下：

示例代码 2-1：Hello_XTGJ 项目中 Program.cs 完整代码
//以下是一个 C#控制台应用程序
using System;
using System.Collections.Generic;
using System.Linq;

```csharp
using System.Text;
namespace Hello_XTGJ    //命名空间
  {
class Program
{
   static void Main(string[] args) //主函数
   {
      Console.WriteLine("Hello XTGJ");
   }
 }
}
```

以上代码的第一行是注释。在C#中用"//"对代码进行单行注释。第二行的 using System 与 C 中所用的#include 语句相似，关键字 using 用来导入 System 命名空间的类文件，并使其中存在的方法成为程序的一部分。System 命名空间包含大多数应用程序与操作系统交互的类。常用的类是基本输入/输出所必要的类。

接下来几行用 using 关键字导入的命名空间都各有作用，在此不作详细论述。

namespace Hello_XTGJ 是定义了一个命名空间，该命名空间默认与创建程序输入的项目名称一样。

下一行的 class Program 是系统自动生成的一个类，该类中包含一个 static void Main()方法，该方法是 C#程序的入口点，程序从 Main 函数开始，也结束于 Main 函数。

Main 函数中的 Console.WriteLine("Hello XTGJ");是控制台输出语句，向控制台输出：Hello XTGJ。在控制台应用程序中经常要用到控制台的输入输出，控制台的输入输出使用的是 System.Console 类，它在我们引用了 System 命名空间之后可以简写为 Console。控制台输入一般用 Console 类下的 Read 或 ReadLine 两个方法实现的，控制台输出一般用 Console 类下的 Write 或 WriteLine 两个方法实现的。

若代码输入完毕，请点击菜单栏中"调试"→"开始执行（不调试）"，就可以在 DOS 界面下看见结果。

2.2.2 从控制台输入

与 Console.WriteLine()对应，从控制台输入可以使用 Console.ReadLine(),Write 是写的意思，Read 是读的意思，很容易记哦！

输入的语法格式：

Console.ReadLine();

这条语句返回一个字符串，你可以直接把它赋给一个字符串变量，比如：

string name=Console.ReadLine();

如果要输入整型数据怎么办呢？我们只需要一个简单的转化就可以了：

int age=int.Parse(Console.ReadLine());

int.Parse()方法的作用是把字符串转换为整数。

Read()、ReadLine()方法都是从键盘读入信息，不同点为：
Read()方法用于获得用户输入的任何值(可以是任何的字母数字值)的 ASCII 值，而 ReadLine()用于将获得的数据保存在字符串变量之中。

2.2.3 向控制台输出

利用 Console.WriteLine();这种方法输出有如下三种方式：

方式一：

Console.WriteLine();

方式二：

Console.WriteLine(要输出的值);

方式三：

Console.WriteLine("格式字符串",变量列表);

第一种方式和第二种方式的用法是直接输出字符串类型，如果多个字符串可以用"+"连接。第三种方式是 C#中的新知识，先看下面的这个例子：

string course = "C#";

Console.WriteLine("我的课程名称是{0}",course);

上面几句话的输出结果是什么呢？我们一起动手来试试看，在 XT_Read_Write 项目中编写代码如下：

```
示例代码 2-2：XT_Read_Write 项目中 Program.cs 完整代码
using System;
using System.Collections.Generic;
using System.Linq;
using System.Text;
namespace XT_Read_Write
{
    /// <summary>
    /// 此代码演示向控制台输出
    /// </summary>
    class Program
    {
        static void Main(string[] args)
        {
            string course = "C#";              //课程名称
            String stuname = "";               //学生姓名
            stuname=Console.ReadLine();        //通过 ReadLine()方法给 stuname 赋值
```

```
            Console.WriteLine("Hello XTGJ");    //向控制台输出信息
            Console.WriteLine(course);          //向控制台输出单个变量
            Console.WriteLine(stuname);
            Console.WriteLine("我的课程名称是："+ course); //  +  连接输出字符串
            Console.WriteLine("我的姓名是：{0}", stuname); //使用格式字符串
            Console.ReadLine();
        }
    }
}
```

下面讲解一下如何在命令提示符下对 cs 文件进行编译和操作。

（1）首先打开路径 "C:\WINDOWS\Microsoft.NET\Framework\v3.5"。

（2）然后在你所打开的"v3.5 文件夹"里编译一个后缀为".cs"的文本文档（例如：Program.cs），把你所编译的代码全部写入你创建的 Program.cs 文档里面。

（3）点击"开始"→"运行"，输入 cmd，点击"确定"会出现一个窗口，然后在这个窗口里输入 Program.cs 文档所在的路径（C:\WINDOWS\Microsoft.NET\Framework\v3.5），按以下格式输入：csc Program.cs，编译 Program.cs 文件，按 Enter 键（回车键），接下来再输入 Program.exe，再按 Enter 键（回车键），会出现代码的执行结果。

执行的结果如图 2-2 所示。

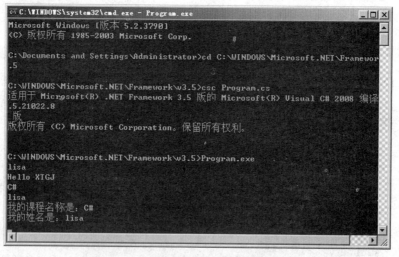

图 2-2　XT_Read_Write 项目执行的结果

从图 2-2 中你是不是已经想到第三种方式是怎样输出的？在这种方式中，WriteLine()的参数有两部分组成："格式字符串"和"变量列表"。这里的"我的课程名称是：{0}"就是格式字符串，{0}叫做占位符，它占的就是后面的 course 变量的位置。在格式字符串中，我们依次使用{0}、{1}、{2}等，代表要输出的变量，然后将变量依次排列在变量列表中，0对应于变量列表的第 1 个变量，1 对应标量列表的第 2 个变量，2 就对应变量列表的第 3 个变量，依此类推。这种方式要比用加号连接方便多了，请同学们在学习中慢慢体会！

Write()、WriteLine ()方法都是将输出流由指定的输出装置(默认为屏幕)显示出来,不同点为:WriteLine()方法是将要输出的字符串与换行控制字符一起输出,当此语句执行完毕时,光标会移到目前输出字符串的下一行,至于Write()方法,光标会停在输出字符串的最后一个字符后,不会移动到下一行。

同学们知道了如何输入输出,那就出个问题考考你们:

问题 从控制台输入两名学生的信息,包括姓名、年龄,然后输出到控制台。为了比较加号连接输出和格式字符串输出,还有个要求:使用"+"连接输出第一个学员的信息,使用格式字符串输出第二个学员的信息。

解决这个问题的代码如下:

示例代码 2-3:Hello_XT 项目中 Program.cs 完整代码

```csharp
using System;
using System.Collections.Generic;
using System.Linq;
using System.Text;
namespace Hello_XT
{
    class Program
    {
        /// <summary>
        /// 此示例演示向控制台输出学员信息
        /// </summary>
        /// <param name="args"></param>
        static void Main(string[] args)
        {
            string name1;      //第一个学员姓名
            string name2;      //第二个学员姓名
            int age1;          //第一个学员年龄
            int age2;          //第二个学员年龄
            //输入第一个学员信息
            Console.WriteLine("请输入第一个学员的姓名:");
            name1 = Console.ReadLine();
            Console.WriteLine("请输入第一个学员的年龄:");
            age1 = int.Parse(Console.ReadLine());
            //输入第二个学员信息
            Console.WriteLine("请输入第二个学员的姓名:");
            name2 = Console.ReadLine();
```

```
        Console.WriteLine("请输入第二个学员的年龄：");
        age2 = int.Parse(Console.ReadLine());
        //输出学员信息
        Console.WriteLine ("第一个学员的姓名" + name1 + ",年龄" + age1 + "岁");
        Console.WriteLine ("第二个学员的姓名" + name2 + ",年龄" + age2 + "岁");
        Console.ReadLine();
      }
   }
}
```

执行的结果如图 2-3 所示。

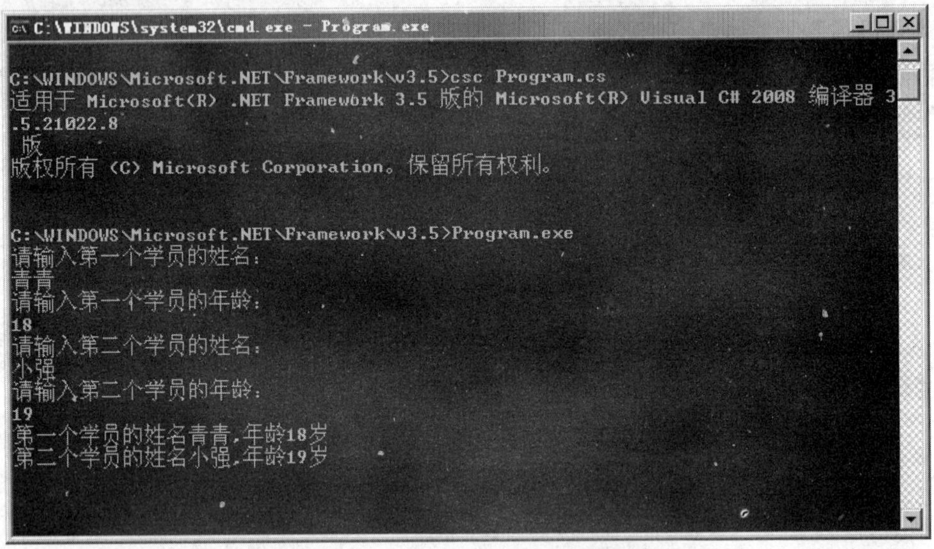

图 2-3 Hello_XT 项目的执行结果

这个例子中我们可以看到，使用加号连接输出和使用格式字符串输出的效果是一样的，不过使用格式字符串是不是更加清晰方便呢？

2.3 数据类型

C#语言支持公共类型系统（Common Type System），其中的数据类型不仅包含我们熟悉的 C 语言的基本类型，如 int、char 和 float 等等。还包含比较复杂的类型，如内部的 string 类型和表示货币的 decimal 类型。C#语言具有一个统一类型系统（unified type）。所有 C#类型（包括诸如 int 和 double 之类的基本类型）都源于一个唯一的类型：Object。因此，所有类型都共享一组通用操作，并且任何类型的值都能以一致的方式进行存储、传递和操作。同时每组数据类型不仅是一种基本类型，其方法可以用于格式化、系列化和类型转换。

C#语言的类型划分为两大类：值类型（value type）和引用类型（reference type）。其中

2.1 节所讲的对象类型（例如：Person）就是引用类型。

C#是强类型语言，因此每个变量都必须具有声明类型。

2.3.1 值类型

值类型的变量总是包含该类型的值，值类型的值不可能为 null，值类型的变量赋值会创建所赋的值的一个副本，任何类型都不可能从值类型派生。因此，所有值类型都是隐式密封的。一个值类型或是结构类型，或是枚举类型。

C#的值类型进一步划分为简单类型（simple type）、枚举类型（enum type）和结构类型（struct type）。

简单类型主要包括有符号整型（sbyte、short、int 和 long）、无符号整型（byte、ushort、uint 和 ulong）、字符（char）、浮点型（float 和 double）、高精度小数（decimal）和布尔型（bool）构成。

枚举类型是由 enum e {…} 形式的用户定义的类型。

结构类型是由 struct s {…} 形式的用户定义的类型。

对于所有简单类型，默认值是将其所有位都置零的位模式所形成的值。

对于 sbyte、byte、short、ushort、int、uint、long 和 ulong，默认值为 0；

对于 char，默认值为 '\x0000'；

对于 float，默认值为 0.0f；

对于 double，默认值为 0.0d；

对于 decimal，默认值为 0.0m；

对于 bool，默认值为 false；

对于枚举类型，默认值都为 0；

对于结构类型，默认值是通过将所有值类型字段设置为他们的默认值、将所有引用类型字段设置为 null 而产生的值。

表 2-1 总结了 C#的数值类型。

表 2-1 数值类型

类别	位数	类型	范围/精度
有符号整型	8	sbyte	$-128 \sim 127$
	16	short	$-32\,768 \sim 32\,767$
	32	int	$-2\,147\,483\,648 \sim 2\,147\,483\,647$
	64	long	$-9\,223\,372\,036\,854\,775\,808 \sim 9\,223\,372\,036\,854\,775\,807$
无符号整型	8	byte	$0 \sim 255$
	16	ushort	$0 \sim 65\,535$
	32	uint	$0 \sim 4\,294\,967\,295$
	64	ulong	$0 \sim 18\,446\,744\,073\,709\,551\,615$
浮点数	32	float	$1.5 \times 10^{-45} \sim 3.4 \times 10^{38}$，7 位精度
	64	double	$5.0 \times 10^{-324} \sim 1.7 \times 10^{308}$，15 位精度
小数	128	decimal	$1.0 \times 10^{-28} \sim 7.9 \times 10^{28}$，28 位精度

2.3.2 引用类型

引用类型是指存储对实际数据的引用。引用类型值是对该类型的某个实例（instance）的一个引用。

在这里我们只介绍字符串（string）和数组两种引用类型。

string 类型是用来存放字符串数据的。

数组是一种包含若干变量的数据结构，这些变量都可以通过计算索引进行访问。数组中包含的变量（又称数组的元素）具有相同的类型，该类型称为数组的元素类型。

数组有一个"维度"，它确定和每个数组元素关联的索引个数。"维度"为 1 的数组称为一维数组（single-dimensional array）。"维度"大于 1 的数组称为多维数组（multi-dimensional array）。维度大小确定的多维数组通常称为两维数组、三维数组等等。

数组的每个维度都有一个关联的长度，它是一个大于或等于零的整数。维度的长度不是数组类型的组成部分，而只与数组类型的实例相关联，它是在运行时创建实例时确定的。维度的长度确定了该维度的索引的有效范围，对于长度为 N 的维度，索引的范围可以为 0 到 N-1（包括 0 和 N-1）。数组中的元素总数是数组中各维度长度的乘积。如果数组的一个或多个维度的长度为零，则称该数组为空。

关于 string 和数组的使用，我们在 2.4 节中讲解。

2.4 变量

2.4.1 变量

变量表示存储位置。每个变量都具有一个类型，它确定哪些值可以存储在该变量中。C# 是一种类型安全的语言，C#编译器保证存储在变量中的值总是具有合适的类型。

在可以获取变量的值之前，变量必须已明确赋值（definitely assigned）。

C#定义了 7 种变量类别：静态变量、实例变量、数组元素、值参数、引用参数、输出参数和局部变量。

C#中存在几种变量（variable），包括字段、数组元素、局部变量和参数。变量表示了存储位置，并且每个变量都有一个类型，以决定什么样的值能够存入变量，如表 2-2 所示。

表 2-2 变量类型

变量类型	变量的值
值类型	类型完全相同的值
string	空引用、对该字符串类型的实例的引用，或者对从该字符串类型派生的类的实例的引用
数组类型	空引用、对该数组类型的实例的引用，或者对兼容数组类型的实例的引用

以下是关于部分数据类型变量的定义：

int a;//声明了整型变量，但没有初始化
short b=1;//声明了短整型变量，同时也进行了初始化
bool flag;//声明了布尔类型的变量，没有初始化
string name;//声明了 string 引用类型的变量，没有初始化
string name="www.xt-in.com";//声明了 string 引用类型的变量，同时也进行了初始化
int[] arr=new int[5] ;//声明和实例化一维长度为 5 的整型数组，没有初始化
int[] arr1=new int[5] {1,2,3,4,5};//声明和实例化一维长度为 5 的整型数组，并用花括号"{ }"中的数据初始化数组
int[,] arr2=new int[5 , 10] ;//声明二维整型数组

变量声明时，尽量一行代码只声明一个变量。

2.4.2　变量的命名

C#中变量声明方式与 C 语言是很类似的，使用下面的方式命名。
变量命名的语法：
访问修饰符　数据类型　变量名称;
变量的命名规则可以简单地总结为以下 3 点：
（1）组成：52 个英文字母（A~Z，a~z）、10 个数字（0~9）、下划线（_），除此之外不能含有其他的字符。
（2）开头：只能以字母或下划线开头。
（3）不能使用的：不能是 C#中的关键字。
变量的命名规则如下：
（1）变量的名称要有意义，尽量用对应的英文命名，比如一个变量代表姓名，不要使用 aa、bb 等，要使用 name。
（2）避免使用单个字符作为变量名，如：a、b、c 等，应该使用 index、temp 等，但循环变量除外。
（3）当使用多个单词组成变量时，应该使用骆驼（Camel）命名法，即第一个单词的首字母小写，其他单词的首字母大写，如 myName、yourAge 等。

2.4.3　类型转换

我们在控制台输入输出时，需要输入一个字符，通过我们的控制台输入时它会被认为是一个整型，此时我们需要把此整型转化为我们想要的实际字符。
转换（conversion）使一种类型的表达式可以被视为另一种类型。转换可以是隐式的（implicit）或显式的（explicit），这将确定是否学习显式的强制转换。例如，从 int 类型到 long 类型的转换是隐式的，因此，int 类型的表达式可隐式的按 long 类型处理。从 long 类型到 int 类型的反向转换是显式的，因此需要显式的强制转换。

隐式转换：主要有以下几种隐式转换：标识转换、隐式数值转换、隐式枚举转换、隐式引用转换、隐式常量表达式转换和用户定义的隐式转换。隐式转换可在多种情况下发生，如：函数成员调用、强制转换表达式和赋值。预定义的隐式转换总是会成功，从来不会导致引发异常。正确设计的用户定义隐式转换同样应表现出这些特性。

显式转换：主要有以下几种显式转换：所有隐式转换、显式数值转换、显式枚举转换、显式引用转换、显式接口转换和用户定义的显式转换。显式转换可在强制转换表达式中出现；显式转换包括所有隐式转换，就意味着允许使用冗余的强制转换表达式。不是隐式转换的显式转换是这样的一类转换：他们不能保证总是成功，知道有可能丢失信息，变换前后的类型显著不同，以至要使用显式表达式。

下面是一个类型转换的示例：

int i=10;

long l=i;//隐式转换

int j=(int)l;//显式转换

还有，我们在进行表达式运算的时候也会碰到类型的转换，如下的运算：

float f;

f=10/3;

这个时候 f 的值是多少？我们用类型转换来分析一下：10 和 3 都是 int 类型的，那么它们的运算结果也是 int 类型的值为 3，然后把 int 类型的值 3 赋值给一个 float 类型的变量 f，所以 f 的值为 3.0。

还有其他很多地方的运算都会碰到该问题，所以我们一定要注意类型的转换问题。

2.5 表达式

表达式是一个运算符和操作数的序列。本节定义语法、操作数和运算符的计算顺序以及表达式的含义。

2.5.1 运算符

C#语言提供大量运算符，这些运算符是指定在表达式中执行哪些操作的符号。C#语言继承了 C 语言家族的很多运算符，同时又扩展了很多其他的运算符。C#预定义的算术和逻辑运算符以及在下表中显示的各种其他运算符。通常允许对枚举进行整型运算，例如==、!=、<、>、<=、>=、binary+、binary -、^、&、|、~、++、--和 sizeof()。

运算符可以按所带的操作数分为一元运算符、二元运算符和三元运算符。一元运算符带一个操作数并使用前缀表示法（如-x）或后缀表示法（如 x++）。二元运算符带两个操作数并且全都使用中缀表示法（x+y）。三元操作符也采用中缀法表示(x?y:z)。

运算符还可以按其功能分为算术运算符（+、—、*、/ 和%）、逻辑运算符（&、|、^、!、~、&&、||、true 和 false）、字符串串联运算符（+）、增量和减量运算符（++和--）、变换运算符（<<和>>）、关系运算符（==、!=、>、<、>=和<=）、赋值运算符（=、+=、-=、*=、/=、%=、&=、|=、^=、<<=、>>=）、索引运算符（[]）、转换运算符（()）和条件运算符（?:）。

表 2-3 至表 2-10 对几类运算符做了简单的介绍,其中多数运算符和 C 语言一样。

表 2-3　一元运算符

表达式	说明	实例	效果
+m	表达式的值相同	i=+10	i 的值等于 10
-m	求相反数	i=10 j=-i	i 的值等于 10 j 的值等于-10
!m	逻辑求反	m=false n=!m	m 的值等于 false n 的值等于 true
~m	按位求反	i=10 j=~i	i 的值等于 10 j 的值等于-11
++m	前增量	i=10 ++i	i 的等于 10 i 的值等于 11
--m	前减量	i=10 --i	i 的值等于 10 i 的值等于 9
(T)m	显式将 x 转换为类型 T	int i=10 long j=(long)i	将整型 i 的值赋值给长整型 j

表 2-4　乘除运算符

表达式	说明	示例	效果
m*n	乘法	x=10;y=10 z=x*y	z 的值为 100
m/n	除法	x=10;y=2 z=x/y	z 的值为 5
m%n	求余	x=10;y=3 z=x%y	z 的值为 1

表 2-5　加减运算符

表达式	说明	示例	效果
m+n	加法、字符串串联、委托组合	x=10;y=5 z=x+y	z 的值为 15
m-n	减法、委托移除	x=10;y=5 z=x-y	z 为的值为 5

表 2-6　移位运算符

表达式	说明	示例	效果
m<<n	左移	i=64 j=i<<2	j 的值为 256
m>>n	右移	i=64 j=i>>2	j 的值等于 16

表 2-7 关系运算符

表达式	说明	示例	效果
m<n	小于	z=(10<15)	z 的值为 true
m>n	大于	z=(10>15)	z 的值为 false
m<=n	小于或等于	z=(15<=10)	z 的值为 false
m>=n	大于或等于	z=(15>=15)	z 的值为 true
m==n	等于	z=(10==10)	z 的值为 true
m!=n	不等于	z=(10!=10)	z 的值为 false

表 2-8 位运算符

表达式	说明	示例	效果
m&n	整型按位 AND，布尔逻辑 AND	x=10;y=7 z=(x & y)	z 的值为 2
m^n	整型按位 XOR，布尔逻辑 XOR	x=10;y=7 z=(x^y)	z 的值为 13
m|n	整型按位 OR，布尔逻辑 OR	x=10;y=7 z=(x | y)	z 的值为 15

表 2-9 赋值运算符

表达式	说明	示例	效果
m = n	从左向右赋值		
m op= n	复合赋值，支持的运算符有： *= /= %= += -= <<= >>= &= ^= |=	x=10 y=10 x+=y	x 的值为 20

表 2-10 逻辑运算符和条件运算符

表达式	说明	示例	效果
m&&n	仅当 m 为 true 才对 n 求值，当 m 和 n 的值都为 true 的时候，结果为 true	x=true y=false z=(x && y)	z 的值为 false
m||n	仅当 m 为 false 才对 n 求值，当 m 和 n 的值都为 false 的时候，结果为 false	x=false y=true z=(x || y)	z 的值为 true
m?n:k	如果 m 为 true，则对 n 求值，如果 m 为 false，则对 k 求值	x=true z=x?10:15	z 的值为 10

2.5.2 表达式

C#中的表达式是一个包含文本值、简单名称或运算符及其操作数的代码段。

表达式是可以计算且结果为单个值、对象、方法或命名空间的代码片段。表达式可以包含文本值、方法调用、运算符及其操作数，或简单名称。简单名称可以是变量、类型成员、方法参数、命名空间或类型的名称。

表达式可以使用运算符，而运算符又可以将其他表达式用作参数，或者使用方法调用，而方法调用的参数又可以是对其他方法的调用，因此表达式既可以非常简单，也可以非常复杂。

表达式（expression）由操作数（operand）和运算符（operator）构成。表达式的运算符指示对操作数进行什么样的运算。运算符的示例包括+、—、*、/ 和 new。操作数的示例包括文本（liberal）、字段、局部变量和表达式。

当表达式包含多个运算符时，运算符的优先级控制各运算符的计算顺序。例如，表达式 x+y*z 按 x+(y*z)的计算，因为"*"运算符的优先级高于"+"运算符。

大多数运算符都可以重载（overload）。运算符重载允许指定用户定义的运算符实现来执行运算，这些运算的操作数中至少有一个，甚至所有都属于用户定义的结构类型和其他类型。

算术表达式：由操作数和算术运算符构成，如：x+y, x*y
关系表达式：由操作数和关系运算符构成，如：x>y, x==y
逻辑表达式：由操作数和逻辑运算符构成，如：x&&y, x||y, !x

下面是一个运算符和表达式的示例和效果。

示例代码 2-4：XT_Operator 项目中 Program.cs 完整代码

```csharp
using System;
using System.Collections.Generic;
using System.Text;

namespace XT_Operator
{
    class Program
    {
        static void Main(string[] args)
        {
            int x, y;
            x = 256;
            y = 4;
            Console.WriteLine("{0} > {1} value {2}", x , y, x > y);
            Console.WriteLine("{0} > {1} ? {2} : {3} value {4}", x, y, x, y, x>y?x:y);
            Console.WriteLine("{0} += {1} value {2}", x, y, x += y);
            x = 256;
            Console.WriteLine("{0} >> {1} value {2}", x, y, x >> y);
            Console.WriteLine("{0} << {1} value {2}", x, y, x << y);
            Console.WriteLine("{0} & {1} value {2}", x, y, x & y);
            Console.WriteLine("{0} | {1} value {2}", x, y, x | y);
            Console.WriteLine("{0} ^ {1} value {2}", x, y, x ^ y);
        }
    }
}
```

Console.WriteLine("{0}>{1}?{2}:{3}value{4}",x,y,x,y,x>y?x:y) 中的{0}…{4}为占位符，即为后面的参数占据一个输出位置。这里和 C 语言中的 printf 输出的占位符"%"类似。

执行效果如图 2-4 所示。

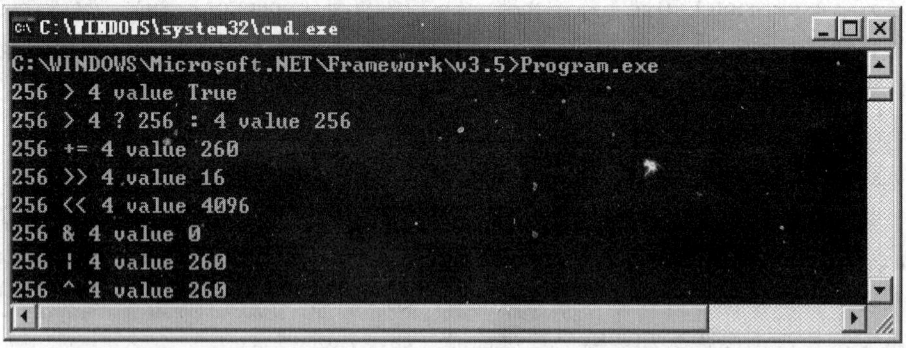

图 2-4　XT_Operator 项目的执行结果

2.6　流程控制

在本节中，我们将重点介绍 C#语言的一个核心：流程控制语句。它们不是按代码在程序中排列位置执行的。很多流程控制语句和 C 语言家族一样。控制语句可以创建循环，如 for 循环，也可以进行判断并分支到新的代码块，如 if 或 switch 语句。

2.6.1　条件语句

条件语句可以根据条件是否满足或根据表达式的值控制代码的执行分支。C#有两个分支代码结构：一个是 if 语句，即测试特定条件是否满足；另一个是 switch 语句，它比较表达式和许多不同的值。

if 语句

对于条件分支，C#集成了 C 语言家族的 if…else…结构。其语法也是直观的：

if(条件)

语句或语句块

else

语句或语句块

如果在条件中需要执行很多代码时，就需要花括号｛…｝把这些语句括起来。这个也适用于后面讲解的 for 和 while 等语句。

在 if 语句中的条件必须是 bool 值或可以计算为 bool 值的表达式。这个和 C 语言有一定的区别，C 语言中的 if 语句的条件是 0 或非 0（这是因为 C 语言没有 bool 类型所致的）。

示例如下：判断输入的数字是否大于零，由于 Console.ReadLine 读取的是字符串，字符串是不能直接赋值给整型变量的，需要通过转换才可以赋值给整型变量，这里的转换是用 int.Parse 来实现的。

int.Parse 是将数字的字符串表示形式转换为它的等效 32 位有符号整数，我们还没有学过一些特殊的处理，所以需要确保输入的是可以转换为整形数值的字符串，否则应用程序会报告错误。

```
int a=int.Parse(Console.ReadLine());
if(a>0)
   Console.Write("输入的值大于零");
else
   Console.Write("输入的值小于或等于零");
```

当输入 10 后，系统会输出：输入的值大于零，当输入 -5 后，系统会输出：输入的值小于或等于零。

switch 语句

switch…case…语句适合从一组不同分支中选择一个分支执行。其形式是 switch 参数的后面跟一组 case 子句。如果 switch 参数中的表达式的值等于某个 case 子句旁边的值，就执行该 case 子句中的代码。此时不需要用花括号把语句括起来，只需用关键字 break 标记每个 case 代码的结尾即可。也可以在 switch 语句中包含一个且只有一个 default 子句，如果表达式的值不等于其中任何一个 case 子句中的值，就执行 default 子句中的代码。

```
switch(表达式)
   {
   case 值1:语句1;
      break ;
   case 值2: 语句2;
      break ;
   case 值3: 语句3;
      break ;
         ……
   default: 语句n;
      break;
   }
```

> 💡 **小贴士**
>
> 这里的值1、值2和值3必须是常量表达式。

我们看一下经常用到的 switch…case 语句地方，如读入国家代码，转换为国家名称：

```
string   mCode= "";
string   mName= "";
mCode=Console.ReadLine();
switch(mCode)
   {
   case "UK":
   mName="英国";
```

```
            break;
         case "JP":
            mName="日本";
            break;
         case "CN":
            mName="中国";
            break;
         default:
            mName="美国";
            break;
      }
      Console.WriteLine(mName);
```

在前面我们学习了 C 语言，我们了解了 C 语言的 switch…case 语句不安全，而 C#语言中的 switch…case…是安全的。因为在 C#语言中，它禁止了所有 case 语句失败的条件。如果激活了块中靠前的一个 case 子句，则后面的 case 子句都不被激活，除非是使用了 goto 语句特别标记要激活后面的 case 子句。如果 case 子句中没有 break 语句，则编译器会把此 case 子句标记为错误，即 case 子句必须要有 break 语句。但这有一种异常情况。如果一个 case 子句为空，就可以从这个 case 子句转到下一个 case 子句，而不使用 goto 语句，这样就可以用相同的方式对待两个或多个 case 子句。

在 C#中，switch 语句的一个有趣的地方就是 case 子句的顺序是无关紧要的，甚至可以把 default 放在最前面。因为，任何两个 case 子句的值是不能相同的（这包括值相同的不同常量），示例如下：

```
      switch(表达式)
      {
        case 值 1:
        case 值 2:
          break;
        case 值 3:
          break;
        default:
          break;
      }
```

goto 语句是一个不受欢迎的语句，在很大部分情况下要避免使用此语句，在极少数的情况下有用。

我们来看一个 case 语句为空的示例：根据输入的年龄，判断年龄所在的范围。0~9 为儿童，10~19 为少年，20~39 为青年，40~59 为中年，60 以上为老年。从分类中可以看出，每 10 年为一个年龄段，因为我们可以把输入的实际年龄除以 10 来计算。

```
      int age=int.Parse(Console.ReadLine());
      age/=10;   //整数除以整数，商还为整数
```

```
switch (age)
{
  case 0:
    Console.WriteLine("儿童");
    break;
  case 1:
    Console.WriteLine("少年");
    break;
  case 2:
  case 3:
    Console.WriteLine("青年");
    break;
  case 4:
  case 5:
    Console.WriteLine("中年");
    break;
  default:
    Console.WriteLine("老年");
    break;
}
```
其运行效果如图 2-5 所示。

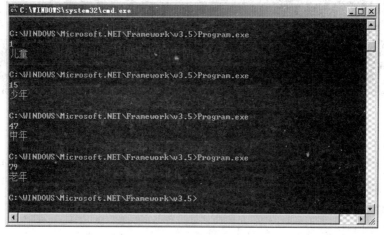

图 2-5　switch 语句的运行结果

2.6.2　循环语句

C#语言提供了几种不同的循环机制。我们在本节中将介绍 for、while 和 do…while 三种循环语句。

for 语句

C#语言中的 for 语句提供了一种速记的方式来迭代一个循环，其中需要初始化一个局部变量，执行循环中的语句，直到满足给定的条件为止。此外，for 语句循环在进行下一步循环前还要执行一些简单的步骤。其语法结构如下：

　　for(初始化;条件;迭代)

　　语句或语句块

其中初始化在循环执行前要计算的表达式（通常初始化一个局部变量，作为循环计数器）；条件是在每次迭代前要测试的表达式（例如检查循环计数器是否小于某个值）；迭代是每次迭代完要计算的表达式（例如增量循环计数器）。示例如下：

　　for(int i=0;i<100;i++)　　//int i=0，表示可在 for 中声明变量和初始化，这和 C 语言一样
　　{
　　　　if (i % 5 == 0)
　　　　Console.WriteLine(i);
　　}

示例运行效果如图 2-6 所示。

图 2-6　for 语句的运行结果

while 语句

与 for 循环一样，while 语句循环也是一个预测试循环。如果其测试条件等于 false，则 while 循环就不会执行。其语法结构如下：

　　while(条件)

　　语句或语句块

与 for 循环不同的是，while 循环最常用于下述情况：在循环开始前，不知道重复执行一个语句或语句块的次数。通常，在某次迭代中，while 循环体中的语句把 bool 标志设置为 false，结束循环。示例如下：

　　int i=0;
　　while (i < 100)
　　{

```
    Console.WriteLine(i);
      i+= 5;
}
```
示例效果如图 2-7 所示。

图 2-7　while 语句的运行结果

do…while 语句

do…while 语句循环是 while 语句循环的后测试版本。该循环的测试条件是要执行完循环体之后进行。因此，do…while 语句循环适合于至少执行一次循环体的情况：

```
int    i=100;
do
{
 Console.Write("output:");
 Console.WriteLine(i);
 Console.Write("input:");
 i = int.Parse(Console.ReadLine());
} while (i < 100);
```
示例效果如图 2-8 所示。

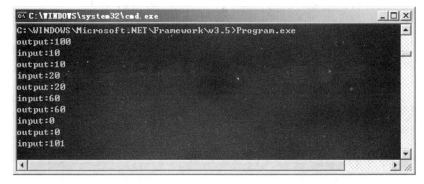

图 2-8　do…while 语句的运行结果

2.7 小结

- ✓ 面向对象特性、类、对象以及对象的实例化。
- ✓ 数据类型、值类型和引用类型。
- ✓ for，while 和 do…while。
- ✓ C#语言和 C 语言在数据类型、表达式和流程控制语句的区别。

2.8 英语角

Console	控制台
Constant	常量
Condition	条件
Operand	操作数
Operator	运算符
Expression	表达式
Conversion	转换
Dimensional	维
Reference	引用

2.9 作业

1．++和--在前缀形式和后缀形式的差别，示例表示。
2．在 for 和 while 示例中，它们运行结果都一样，请说明其中有哪些不同。
3．编程实现 n!（n 的阶乘）。（请用 for 和 while 分别实现）
4．使用 switch…case 语句写一段程序，接受 A、B、C、D 和 E 的考试分数输入之一，程序将输出对应的分数：A:90~100;B:80~89;C:70~79;D:60~69;E:0~59。

2.10 思考题

1．如何使用 for 循环实现 while 循环？
2．如何使用 if…else 语句实现 switch…case 语句？
3．编程实现(a+b)的 n 次方系数显示，可以通过图 2-9 来思考。

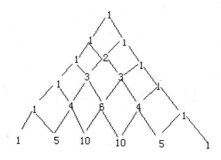

图 2-9 杨辉三角效果图

提示：如何用数组表示，如何处理三角形的两边，如何处理三角形中间的值。

第 3 章 WinForm 基础

学习目标

- ◆ 掌握事件的概念。
- ◆ 了解 Windows 窗体（Form）。
- ◆ 掌握窗体（Form）的 Load 事件。
- ◆ 掌握 Button 控件的使用。
- ◆ 掌握消息框（MessageBox）的使用。

通过本章的学习我们将了解到 Windows 应用程序基本模型（事件驱动模型）、Windows 应用程序的主要元素（Form 窗体）和 Visual Studio 2012 集成开发环境，并通过简单的 Windows 应用程序示例了解 Windows 应用系统的开发。

3.1 基于事件的编程

在前面我们讲解了控制台编程，下面我们将讲解 Windows 编程。Windows 编程和控制台编程最大的不同之处就是事件机制的编程。普遍的，目前事件机制的使用已经在 Windows 下的应用程序中遍地开花了。一个 Windows 图形界面程序它大多数时间是在等待用户的操作，一旦用户有所作为，比如，键盘输入了一些内容，或者鼠标点击了应用程序的某些元素，那么系统就会接受这些消息，并判断这些消息是属于哪一个窗口的，然后把这些消息通知相对应的窗口元素，应用程序接收这些消息，并做出相对应的处理，在.NET 下我们不必去考虑这个流程，因为.NET 框架都已经为我们实现了这些机制，我们只要考虑当我们接收到这样一个事件，然后怎么去处理这些事件就可以了。

所有的 Windows 应用程序都有一个公共的图形用户界面（GUI）。多个 Windows 应用程序会共享相同的硬件：计算机、显示器和打印机等等。由于它们的并发特性，所以一个程序在另一个应用程序载入和运行之前执行或终止都是不可能的。这样 Windows 需要所有的应用程序要能够处理变化的和不可预测的情况。

这是事件驱动编程的世界。事件驱动就是说新的执行流程是由外界发生的事件所确定的。也就是接收到任务才工作的模式。事件就是一个信号，它告知应用程序有重要情况要发生，即一个事件（Event）表示程序中发生一件显著事情的信号。可以设计一个相应事件的应用程序，而不需要编写一个从头执行到尾的程序。这些事件可由用户引发（如用户按下一个键）。Windows 本身也会产生一些其他的事件。当优先占用资源的应用程序完成操作时，Windows 告诉处于等待的应用程序可以开始了。

在处于等待的应用程序等待一个事件的时候，它仍然保持在环境中。用户可以运行其他的应用程序。然而处于等待的应用程序的代码始终在运行的，并准备好在用户返回到这个程序的时候被激活。

3.2 Windows 窗体控件

我们经常看到两个术语 Windows（窗口）和 Form（窗体），在.NET 环境下它们的概念是一样的。每一可视化的 Windows 应用系统都有一个主要的 Windows 窗体（Windows Form）。下面对 Form 窗体作一些简单介绍。

Form 窗体是一个可以用来为用户提供信息及接受其输入的窗口，换句话说，可以用窗体创建一个用户界面。Form 窗体是 Windows 应用程序中所显示的任何窗口的表示形式。Form 窗体是组成 Windows 应用程序的用户界面的窗口或对话框。

每个 Windows 窗口都是继承 Form 类，那么了解 Form 类对我们了解整个 Windows 窗体应用程序开发是至关重要的。Form 类可用于创建标准窗口、工具窗口、无边框窗口和浮动窗口。

我们已经知道 Form 是用来创建程序的图形用户界面，当在屏幕上有多个窗口的时候，我们把最前面的窗体称为活动窗体，它拥有比其他窗体亮很多的 Title（标题栏），如果一个窗体是活动的，那么这时的一些操作基本上都是属于这个窗体的，我们也称该窗体得到焦点。当我们拖拽一个控件到 Form 上的时候，该控件就作为 Form 的一个子项了，也就是它的成员，Visual Studio 2012 会自动在后置代码中声明相应的代码，并对其进行初始化，当你修改该代码的一些属性或者删除该控件，代码都会自动的进行修改。

Form 窗体对于其他控件来讲，它也是一个最顶层的容器，大多控件都是被放置在 Form 窗体中。那么，让我们先看看 Form 对象有哪些常用的属性、方法和事件。

3.2.1 窗体的属性

设置 Form 类中可用的属性，可以改变所创建窗口或对话框的外观、大小、颜色和窗口管理功能。其中 Text 属性设置标题栏中的标题。Size 和 DesktopLocation 属性设置定义窗口在显示时的大小和位置。ForeColor 颜色属性是设置窗体上放置的所有控件的默认前景色。FormBorderStyle、MinimizeBox 和 MaximizeBox 属性允许您控制运行时窗体是否可以调整窗体的样式、最小化或最大化。WindowState 属性用来获取或设置窗体的窗口状态。

表 3-1 是一些常用的属性列表。

Form.FormBorderStyle 是获取或设置窗体的边框样式，它是一个枚举值，表 3-2 是这些枚举值的说明。

对于 Form 的属性我们可以通过选中 Form 然后在属性框中修改其属性的值，比如我们要修改 FormBorderStyle 属性的值，可以按图 3-1 所示来设置。

我们可以发现有些属性的值是可以让我们选择的，比如 FormBorderStyle，有些属性是

表 3-1 Form 的常用属性

属性	描述
AcceptButton	获取或设置当用户按 Enter 键时所单击的窗体上的按钮
CancelButton	获取或设置当用户按 Esc 键时单击的按钮控件
Controls	获取包含在控件内的控件的集合
Icon	获取或设置窗体的图标
Size	获取或设置窗体的大小
Text	获取或设置窗体的标题
StartPosition	获取或设置运动时窗体第一次出现的位置

表 3-2 属性 FormBorderStyle 的值

值	描述
Fixed3D	固定的三维边框
FixedDialog	固定的对话框样式的粗边框
FixedSingle	固定的单行边框
FixedToolWindow	不可调整大小的工具窗口边框
None	无边框
Sizeble	可调整大小的边框
SizebleToolWindow	可调整大小的工具窗口边框

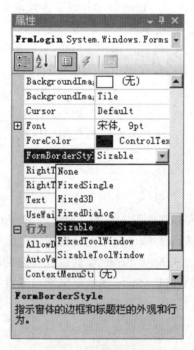

图 3-1 设置属性值

要求我们输入的，比如 Text 属性。当属性的值是可以选择的时候，我们选中该属性，会出现一个下拉列表。下面几幅图就是关于 FormBorderStyle 不同枚举值的显示效果。

FormBorderStyle 的值为 FixedToolWindow 的 Form 效果如图 3-2 所示。

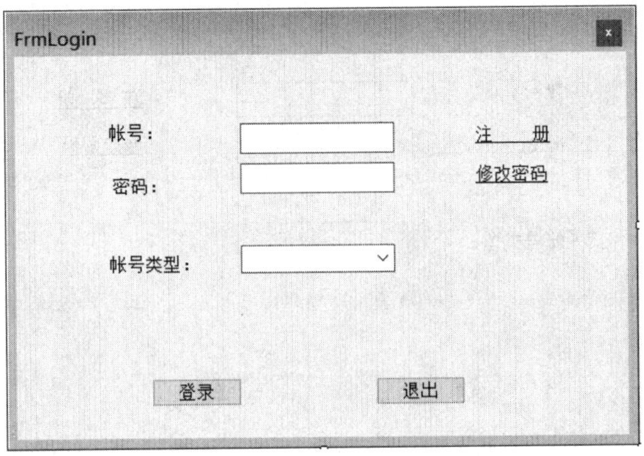

图 3-2 FormBorderStyle 的值为 FixedToolWindow

FormBorderStyle 的值为 Fixed3D 的 Form 效果如图 3-3 所示。

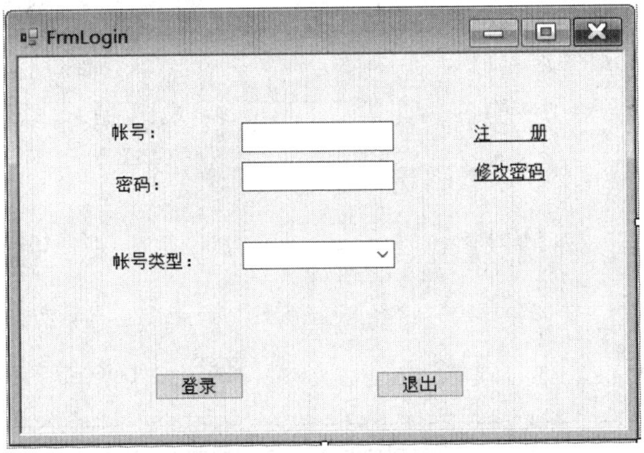

图 3-3 FormBorderStyle 的值为 Fixed3D

FormBorderStyle 的值为 FixedDialog 的 Form 效果如图 3-4 所示。

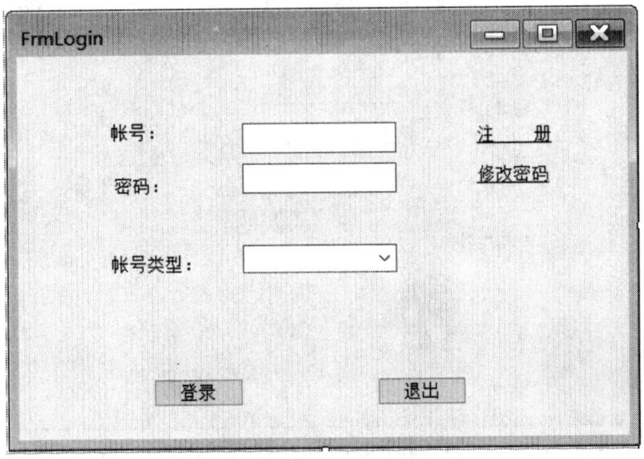

图 3-4 FormBorderStyle 的值为 FixedDialog

FormBorderStyle 的值为 None 的 Form 效果如图 3-5 所示。

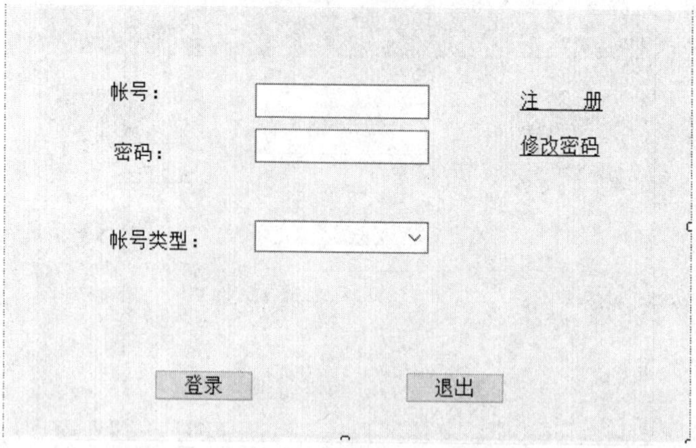

图 3-5　FormBorderStyle 的值为 None

FormBorderStyle 的值为 Sizable 的 Form 效果如图 3-6 所示。

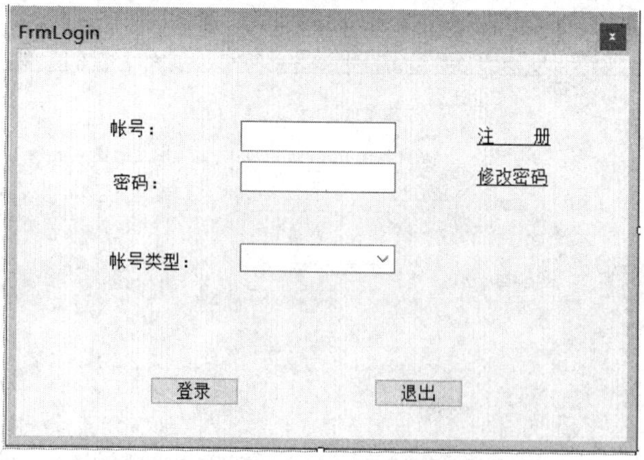

图 3-6　FormBorderStyle 的值为 Sizable

FormBorderStyle 的值为 SizableToolWindow 的 Form 效果如图 3-7 所示。

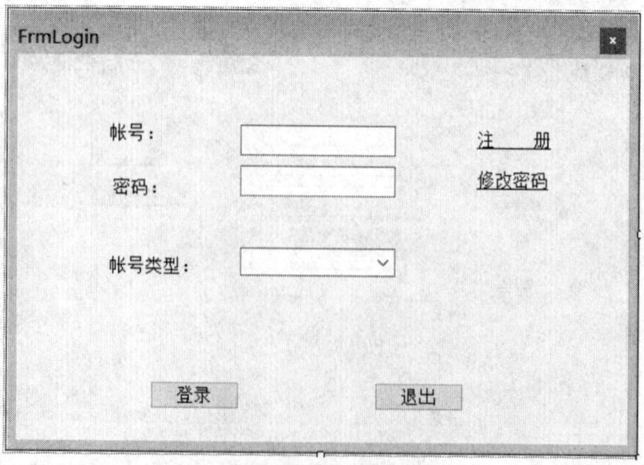

图 3-7　FormBorderStyle 的值为 SizableToolWindow

关于 Form 对象中的一些其他属性（如 Icon、StartPosition 和 Size 等）请通过属性窗口

3.2.2 窗体的方法

除了属性以外还有一些方法，其中 Show、ShowDialog 是用来显示窗口。Hide 是用来隐藏窗口的。表 3-3 是一些常用的方法列表：

表 3-3 Form 的常用方法

方法	描述
Close	关闭窗口
Hide	对用户隐藏控件
Show	显示窗口
ShowDialog	以模式对话框显示窗口

3.2.3 窗体的事件

当然，对于 Windows 编程，我们还少不了事件，其中 Click 事件，是在点击窗口时触发的，Activated 事件是当使用代码激活或用户激活窗体时发生，也就是该窗口变成一个活动窗口（正在被系统运行的窗体）的时候触发该事件。还有就是 Load 事件是第一次在屏幕上加载 Form 时触发。表 3-4 是一些常用的事件列表。

表 3-4 Form 的常用事件

事件	描述
Activated	当使用代码激活或用户激活窗体时发生
Click	在点击 Form 时触发
Load	在第一次显示窗体前发生
Closing	在关闭窗体时发生
Closed	关闭窗体后发生

3.3 按钮控件

我们还会在应用程序界面经常看到用于点击的一类按钮控件，这些按钮会经常实现一些特定的功能，这些按钮是由 Button（按钮）控件实现的。Button 控件也是 Windows 窗体控件中比较常用的一个控件。主要用于接受相应用户一些特定的操作（事件）。如果某个 Button 按钮具有焦点，则可以使用鼠标、Enter 键或空格键单击按钮，也可以使用鼠标双击该按钮。

如何使用 Button 按钮控件？可以把"工具栏"中的 Button 按钮控件拖到指定的设计器上，并通过"属性"来设置其相关属性。表 3-5 为 Button 按钮控件常用的一些属性。

下面是一个 Button 按钮控件的示例：Button 按钮控件在"工具栏"中的位置和其属性设计器如图 3-8 和 3-9 所示。Button 按钮控件的显示效果如图 3-10 所示。

表 3-5 Button 的常用属性

属性名	描述
Font	获取或设置控件显示的文字的字体
Name	获取或设置控件的名称
Text	按钮的显示内容
TextAlign	获取或设置按钮控件上的文本对齐方式，有上中下，左中右

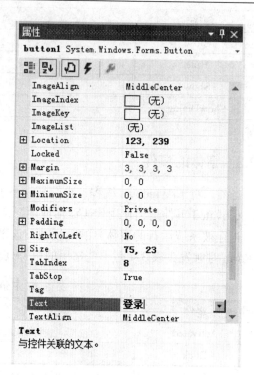

图 3-8 Button 控件版本信息   图 3-9 Button 按钮控件的属性

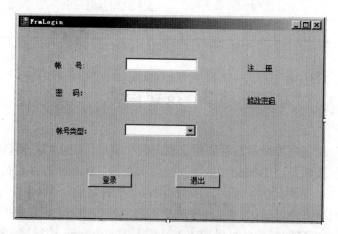

图 3-10 Button 按钮控件的显示效果

按钮的主要事件就是 Click 事件，该事件在我们用鼠标点击按钮的时候触发，按钮控件虽然简单，但是是使用最多的控件之一。表 3-6 列出了 Button 的常用事件。

表 3-6　Button 的常用事件

事件名	描述
Click	在单击控件时发生
MouseHover	当鼠标在控件内保持静止状态达一段时间时发生
MouseLeave	在鼠标离开控件的可见部分时发生
MouseClick	用鼠标单击控件时发生

我们不但可以通过属性框中的事件生成器来生成事件，我们还可以双击控件来生成事件，当我们双击 Button 按钮的时候，Visual Studio 2012 就会自动为 Button 创建 Click 事件。控件都有默认生成事件，比如 Form 窗体的默认事件是 Load 事件，这些默认事件一般是该控件最常用的事件。

3.4　实现窗体间的跳转

对于任何一个项目来说，都要进行窗体间的跳转。例如：在 EBuy 这个项目中，注册客户信息是登录页面的功能之一，应该在登录页面选择"注册"链接标签，从而打开"FrmAddcustomer"窗体（新增客户信息窗体）。怎么实现这个功能呢？这就需要实现窗体间的跳转。实现窗体间的跳转分为两步：

（1）创建窗体对象。语法格式如下：

被调用的窗体类　窗体对象名= new 被调用的窗体类();

例如：FrmAddcustomer f = new FrmAddcustomer();

（2）显示窗体。调用窗体类的 Show 方法来显示窗体。

窗体对象名.Show();

例如：f.Show();

这样就可以轻松的从一个窗体跳转到另外一个窗体了，是不是很简单？那么我们在本章的上机部分完成登录窗体中调用 FrmAddcustomer 窗体的功能。请同学们自行验证窗体的 Show 方法和 ShowDialog 方法的区别。

3.5　MessageBox 对象的应用

3.5.1　显示消息框

MessageBox 是一个用于向用户显示与应用程序相关信息的对象，即显示可包含文本、按钮和符号（通知并指示用户）的消息框。MessageBox 消息框也用于请求来自用户的信息。无法创建 MessageBox 类的新实例。若要显示消息框，请调用静态（Static）方法 MessageBox.Show()。显示在消息框中的消息、标题、按钮和图标由传递给该方法的参数确定。

我们先看一个示例,通过这个示例来学习 Button 和 MessageBox 的一些使用。MessageBox

的显示是通过 Button 按钮的 Click 事件来处理的。并在退出应用程序时，提示"退出应用程序？"，这个是用 Form 类中的 Closing 事件来处理的。我们在窗体上放入 9 个 Button 按钮，并把这 9 个按钮的 Text 属性分别设置为"显示具有指定文本的消息框"，"显示具有指定文本和标题的消息框"，"显示具有指定文本、标题和按钮的消息框"，"显示具有指定文本、标题、按钮和图标的消息框"，"显示具有指定文本、标题、按钮、图标和默认按钮的消息框"，"显示具有指定文本、标题、按钮、图标、默认按钮和选项的消息框"，"显示一个具有指定文本、标题、按钮、图标、默认按钮、选项和'帮助'按钮的消息框"，"使用指定的帮助文件显示一个具有指定文本、标题、按钮、图标、默认按钮、选项和帮助按钮的消息框"和"显示一个有返回值的消息框"，同时为这 9 个按钮添加 Click 事件和其事件处理程序。

我们为第一个按钮添加 Click 事件处理代码：

```
MessageBox.Show("Hello,World");
```

我们为第二个按钮添加 Click 事件处理代码：

```
MessageBox.Show("Hello,World", "迅腾国际");
```

我们为第三个按钮添加 Click 事件处理代码：

```
MessageBox.Show("Hello,World", "迅腾国际", MessageBoxButtons.OKCancel);
```

我们为第四个按钮添加 Click 事件处理代码：

```
MessageBox.Show("Hello,World","迅腾国际",MessageBoxButtons.OKCancel,MessageBoxIcon.Information);
```

我们为第五个按钮添加 Click 事件处理代码：

```
MessageBox.Show("Hello,World", "迅腾国际", MessageBoxButtons.OKCancel,
    MessageBoxIcon.Information, MessageBoxDefaultButton.Button2);
```

我们为第六个按钮添加 Click 事件处理代码：

```
MessageBox.Show("Hello,World", "迅腾国际", MessageBoxButtons.OKCancel,
    MessageBoxIcon.Information,MessageBoxDefaultButton.Button2,
    MessageBoxOptions.DefaultDesktopOnly);
```

我们为第七个按钮添加 Click 事件处理代码：

```
MessageBox.Show("Hello,World", "迅腾国际", MessageBoxButtons.OKCancel,
MessageBoxIcon.Information,MessageBoxDefaultButton.Button2,MessageBoxOptions.RightAlign, true);
```

我们为第八个按钮添加 Click 事件处理代码：

```
MessageBox.Show("Hello,World", "迅腾国际", MessageBoxButtons.OKCancel, MessageBoxIcon.Information,
MessageBoxDefaultButton.Button2,MessageBoxOptions.RightAlign, "c:\\DHTML.chm");
```

我们为第九个按钮添加 Click 事件处理代码：

```
DialogResult dr=MessageBox.Show("Hello,World","迅腾国际",MessageBoxButtons.YesNoCancel);
    switch(dr)
    {
      case DialogResult.Cancel:
        MessageBox.Show("你选择了取消");
        break;
      case DialogResult.Yes:
        MessageBox.Show("你选择了是");
        break;
      case DialogResult.No:
        MessageBox.Show("你选择了否");
        break;
      default:
        MessageBox.Show("你什么都没有选择");
        break;
    }
```

最后我们为 Form 的 Closing 事件添加处理程序代码：

```
MessageBox.Show("退出应用程序");
```

我们现在启动应用程序调试，我们将看到如图 3-11 所示的窗体界面。

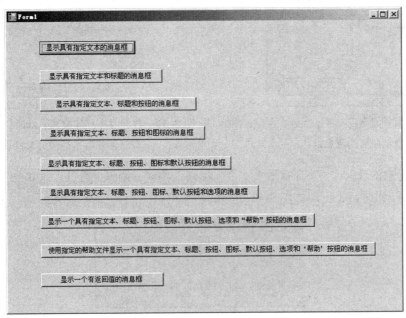

图 3-11　启动应用程序调试后的 Form1 窗体

当我们点击"显示具有指定文本的消息框"按钮时,将出现如图 3-12 所示的消息框.
当我们点击"显示具有指定文本和标题的消息框"按钮时,将出现如图3-13所示的消息框。

图 3-12　显示具有指定文本的消息框　　图 3-13　显示具有指定文本和标题的消息框

当我们点击"显示具有指定文本、标题和按钮的消息框"按钮时,将出现如图 3-14 所示的消息框。

当我们点击"显示具有指定文本、标题、按钮和图标的消息框"按钮时,将出现如图 3-15 所示的消息框。

图 3-14　显示具有指定文本、标题和按钮的消息框　　图 3-15　显示具有指定文本、标题、按钮和图标的消息框

当我们点击"显示具有指定文本、标题、按钮、图标和默认按钮的消息框"按钮时,将出现如图 3-16 所示的消息框。

当我们点击"显示具有指定文本、标题、按钮、图标、默认按钮和选项的消息框"按钮时,将出现如图 3-17 所示的消息框。

图 3-16　显示具有指定文本、标题、按钮、图标和默认按钮的消息框　　图 3-17　显示具有指定文本、标题、按钮、图标、默认按钮和选项的消息框

当我们点击"显示一个具有指定文本、标题、按钮、图标、默认、选项和'帮助'按钮的消息框"按钮时,将出现如图 3-18 所示的消息框。

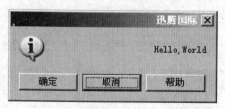

图 3-18　显示一个具有指定文本、标题、按钮、图标、默认按钮、选项和"帮助"按钮的消息框

当我们点击"使用指定的帮助文件显示一个具有指定文本、标题、按钮、图标、默认按钮、选项和'帮助'按钮的消息框"按钮时,将出现如图 3-19 所示的消息框。

图 3-19 具有指定文本、标题、按钮、图标、默认按钮、选项和"帮助"按钮的消息框

请同学们实际运行时点击"显示一个有返回值的消息框"按钮,看看应用程序会出现什么样的效果。

示例代码 3-1:XI_MSG 项目中的 Form1.cs 的完整代码

```
using System;
using System.Collections.Generic;
using System.ComponentModel;
using System.Data;
using System.Drawing;
using System.Linq;
using System.Text;
using System.Windows.Forms;

namespace XI_MSG
{
    public partial class Form1 : Form
    {
        public Form1()
        {
            InitializeComponent();
        }
        private void button1_Click(object sender, EventArgs e)
        {
            MessageBox.Show("Hello,World"); //具有指定文本
        }

        private void button2_Click(object sender, EventArgs e)
        {
            MessageBox.Show("Hello,World", "迅腾国际");//具有指定文本和标题
        }
```

```csharp
        private void button3_Click(object sender, EventArgs e)
        {   //具有指定文本、标题和按钮
            MessageBox.Show("Hello,World", "迅腾国际", MessageBoxButtons.OKCancel);
        }

        private void button4_Click(object sender, EventArgs e)
        {   //具有指定文本、标题、按钮和图标
            MessageBox.Show("Hello,World", "迅腾国际", MessageBoxButtons.OKCancel, MessageBoxIcon.Information);
        }

        private void button5_Click(object sender, EventArgs e)
        {   //具有指定文本、标题、按钮、图标和默认按钮
            MessageBox.Show("Hello,World", "迅腾国际", MessageBoxButtons.OKCancel, MessageBoxIcon.Information,MessageBoxDefaultButton.Button2);
        }

        private void button6_Click(object sender, EventArgs e)
        {   //具有指定文本、标题、按钮、图标、默认按钮和选项
            MessageBox.Show("Hello,World", "迅腾国际", MessageBoxButtons.OKCancel, MessageBoxIcon.Information, MessageBoxDefaultButton.Button2, MessageBoxOptions.DefaultDesktopOnly);
        }

        private void button7_Click(object sender, EventArgs e)
        {   //具有指定文本、标题、按钮、图标、默认按钮、选项和"帮助"按钮
            MessageBox.Show("Hello,World", "迅腾国际", MessageBoxButtons.OKCancel, MessageBoxIcon.Information, MessageBoxDefaultButton.Button2, MessageBoxOptions.RightAlign,true);
        }

        private void button8_Click(object sender, EventArgs e)
        {//使用指定的帮助文件显示一个具有指定文本、标题、按钮、图标、默认按钮、选项和"帮助"
            //按钮的消息框
            MessageBox.Show("Hello,World", "迅腾国际", MessageBoxButtons.OKCancel, MessageBoxIcon.Information, MessageBoxDefaultButton.Button2, MessageBoxOptions.RightAlign,"c:\\DHTML.chm");
```

```csharp
        }
        private void button9_Click(object sender, EventArgs e)
        {//显示消息框的返回信息
            DialogResult dr=MessageBox.Show("Hello,World","迅腾国际",MessageBoxButtons.YesNoCancel);
            switch (dr)
            {
                case DialogResult.Cancel:
                    MessageBox.Show("你选择了取消");
                    break;
                case DialogResult.Yes:
                    MessageBox.Show("你选择了是");
                    break;
                case DialogResult.No:
                    MessageBox.Show("你选择了否");
                    break;
                default:
                    MessageBox.Show("你什么都没有选择");
                    break;
            }
        }

        private void Form1_FormClosing(object sender, FormClosingEventArgs e)
        {
            MessageBox.Show("退出应用程序");
        }
    }
}
```

3.5.2 消息框的返回值

通过上面的示例我们基本上了解了 MessageBox 的一些使用，下面我们就关于上面的示例中的 MessageBox 的使用作一个简单的简介：
- 显示具有指定文本的消息框

使用方法：MessageBox.Show(String);
- 显示具有指定文本和标题的消息框

使用方法：MessageBox.Show(String, String);
- 显示具有指定文本、标题和按钮的消息框

使用方法：MessageBox.Show(String, String, MessageBoxButtons);

在第 3 个和第 4 个消息框中，消息框都有两个按钮，那么怎么能知道用户单击了哪个按钮呢？其实每个消息框都有一个返回值，是一种 DialogResult（对话框返回值）类型，我们可以通过点运算符"."来获取其中的一种返回值，如：

DialogResult.OK   //用户单击了"确定"返回的值

这里的按钮是 MessageBoxButtons 中的一个具体枚举值，表 3-7 是关于这些枚举值的说明。

表 3-7　MessageBoxButtons 的值

值	描述
AbortRetryIgnore	消息框包含"终止""重试"和"忽略"按钮
OK	消息框包含"确定"按钮
OKCancel	消息框包含"确定"和"取消"按钮
RetryCancel	消息框包含"重试"和"取消"按钮
YesNo	消息框包含"是"和"否"按钮
YesNoCancel	消息框包含"是""否"和"取消"按钮

● 显示具有指定文本、标题、按钮和图标的消息框

使用方法：MessageBox.Show(String, String, MessageBoxButtons, MessageBoxIcon);

这里的按钮和上面的相同，图标也是枚举值，是 MessageBoxIcon 的一个具体值，表 3-8 是关于 MessageBoxIcon 枚举值的说明。

表 3-8　MessageBoxIcon 的值

值	描述
Asterisk	消息框包含一个符号，该符号是由一个圆圈及其中的小写字母 i 组成的
Error	消息框包含一个符号，该符号是由一个红色背景的圆圈及其中的白色 X 组成的
Exclamation	消息框包含一个符号，该符号是由一个黄色背景的三角形及其中的一个感叹号组成的
Hand	消息框包含一个符号，该符号是由一个红色背景的圆圈及其中的白色 X 组成的
Information	消息框包含一个符号，该符号是由一个圆圈及其中的小写字母 i 组成的
None	消息框未包含符号
Question	消息框包含一个符号，该符号是由一个圆圈和其中的一个问号组成的
Stop	消息框包含一个符号，该符号是由一个红色背景的圆圈及其中的白色 X 组成的
Warning	消息框包含一个符号，该符号是由一个黄色背景的三角形及其中的一个感叹号组成的

● 显示具有指定文本、标题、按钮、图标和默认按钮的消息框

使用方法：MessageBox.Show(String, String, MessageBoxButtons, MessageBoxIcon, MessageBoxDefaultButton);

这里的按钮和图标和上面的一样，默认按钮是 MessageBoxDefaultButton 中的一个具体枚举值，表 3-9 是 MessageBoxDefaultButton 的枚举的说明。

表 3-9　MessageBoxDefaultButton 的值

值	描述
Button1	消息框上的第一个按钮是默认按钮
Button2	消息框上的第二个按钮是默认按钮
Button3	消息框上的第三个按钮是默认按钮

● 显示具有指定文本、标题、按钮、图标、默认按钮和选项的消息框

使用方法：MessageBox.Show(String, String, MessageBoxButtons, MessageBoxIcon, MessageBoxDefaultButton,MessageBoxOptions);

这里的按钮、图标和默认按钮和上面的一样，选项也是枚举值，它是 MessageBoxOptions 的一个具体枚举值，表 3-10 是 MessageBoxOptions 枚举值的说明。

表 3-10　MessageBoxOptions 的值

值	描述
DefaultDesktopOnly	消息框显示在活动桌面上（此常数与 ServiceNotification 相同，只是系统仅在交互窗口站的默认桌面上显示消息框）
RightAlign	消息框文本右对齐
RtlReading	指定消息框文本按从右到左的阅读顺序显示
ServiceNotification	消息框显示在活动桌面上。（调用方是一种服务，用于将事件通知用户。即使没有用户登录到计算机，该功能也会在当前活动桌面上显示一个消息框

● 显示一个具有指定文本、标题、按钮、图标、默认按钮、选项和"帮助"按钮的消息框

使用方法：MessageBox.Show(String, String, MessageBoxButtons, MessageBoxIcon, MessageBoxDefaultButton, MessageBoxOptions, Boolean);

● 使用指定的帮助文件显示一个具有指定文本、标题、按钮、图标、默认按钮、选项和'帮助'按钮的消息框

使用方法：MessageBox.Show(String, String, MessageBoxButtons, MessageBoxIcon, MessageBoxDefaultButton, MessageBoxOptions, String)

消息框 MessageBox 还有一类用法就是响应用户的选择，这类选择是根据用户点击的按钮来做出决定的，其返回值是 DialogResult 枚举值中的一个，表 3-11 是关于 DialogResult 枚举值的说明。

表 3-11　DialogResult 枚举值的说明

值	描述
Abort	对话框的返回值是 Abort（通常从标签为"终止"的按钮发送）
Cancel	对话框的返回值是 Cancel（通常从标签为"取消"的按钮发送）
Ignore	对话框的返回值是 Ignore（通常从标签为"忽略"的按钮发送）
No	对话框的返回值是 No（通常从标签为"否"的按钮发送）

续表

值	描述
None	从对话框返回了 Nothing
OK	对话框的返回值是 OK（通常从标签为"确定"的按钮发送）
Retry	对话框的返回值是 Retry（通常从标签为"重试"的按钮发送）
Yes	对话框的返回值是 Yes（通常从标签为"是"的按钮发送）

3.6 小结

- ✓ 事件和事件模型。
- ✓ Form 窗体控件使用。
- ✓ Button 按钮的使用。
- ✓ 使用 Visual Studio 2012 创建简单的应用程序项目。
- ✓ MessageBox 的使用。

3.7 英语角

Event	事件
Form	窗体
Button	按钮
Windows	窗口
Property	属性
Abort	终止
Cancel	取消
Ignore	忽略
Retry	重试

3.8 作业

1. 写出消息框（MessageBox）九种显示方式和显示效果。
2. 如何设定 Form 窗体的大小？
3. Button 按钮的 Click 事件在什么情况下被触发？
4. Form.ShowDialog 的特性有哪些？

3.9 思考题

1. 如何使用"Form.ShowDialog"显示和"MessageBox.Show(text, caption, MessageBox Buttons.OK)"效果一样？

2. 如何从"MessageBox.Show(text, caption, MessageBoxButtons.YesNoCancel)"中读取消息框的返回信息？

第 4 章 Windows 窗体常用控件

学习目标

✧ 掌握 Label 和 TextBox 的使用。
✧ 掌握 CheckBox，RadioButton，ComboBox 和 ListBox 的使用。
✧ 了解 NumericUpDown 和 PictureBox 的使用。

在本章中，我们将介绍 Windows 窗体中经常用到的一些基本控件，并了解和掌握它们的使用。

在设计一个优秀的图形用户界面程序的时候，有一些必要的原则。也就是说，判断你开发的应用程序是否好，首先就是要看你的应用程序的界面是否设计合理。一个好的应用程序应该让用户使用起来尽可能的简单、快速和直观。

要使应用程序达到上面的要求，最简单的方法就是设计成用户比较熟悉的界面。比如在输入数据的时候，通过 Tab 键在不同的输入框中切换（在大多数情况下 Visual Studio 2012 已经在这么做了）。还有就是我们在设计的时候尽量使用一些著名的软件的设计风格，比如 Office 软件、IE 软件等。

在设计应用程序界面的时候，我们应该使不同窗口界面保持一致，这是 GUI 设计领域一个明显的约束。

下面我们就介绍一些经常在 Windows 图形用户界面上出现的控件，这些控件都可以从工具箱拖入到窗体或指定容器控件中，而且这些控件相关的属性可以通过属性窗口（选中该控件，右键选择属性打开属性窗口）来设置控件具体属性的值。

在使用应用程序中，经常会看到一些应用程序界面需要我们输入一些资料。例如刚开始使用一个应用程序时，系统经常会让我们进行个人资料的注册，并通过"确定"来保存我们填写的资料，在本章中我们通过"确定"来提示相关信息，如图 4-1 所示界面。

在这样的一个界面上，我们会看到有很多资料（个人信息）需要填写，这些资料的表示形式各不相同，如有的显示为图片；有的显示为下拉选择；有的显示为可复选；有的显示为可单选；还有的可以上下递增或递减。所有这些都是通过使用 Windows 中的不同控件实现的。就这个界面上所显示的控件就有 Label（标签）、TextBox（文本框）、Button（按钮）、ComboBox（下拉选择框）、RadioButton（单选按钮）、CheckBox（复选框）、NumericUpDown（数字显示框）和 PictureBox（图片显示框）这些控件。下面我们就对这些控件作一个介绍。

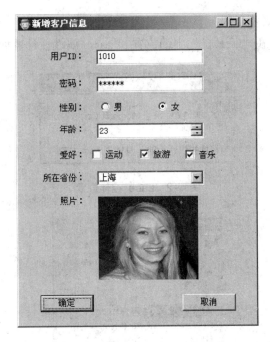

图 4-1 个人信息界面

4.1 Label（标签控件）和 LinkLabel（超链接标签控件）

4.1.1 Label（标签控件）

我们在 Windows 界面上经常看到一类文本描述性的文字，这类文本描述性文字是由 Label（标签）控件实现的。Label 控件是 Windows 窗体控件中最常用的、最简单的一个控件，主要用于显示一些描述性的文字，通常用于为其他控件提供描述性说明，一般这些描述性说明是静态的。

使用 Label 控件，可以把"工具栏"中的 Label 控件拖到指定的设计器上，并通过"属性"来设置其相关的属性。表 4-1 列出了 Label 控件最常用的几个属性。

表 4-1 Label 控件的常用属性

属性名	描述
Font	显示文本内容的字体格式
Name	获取或设置控件的名称
Text	在 Label 控件上显示的文本内容
TextAlign	在 Label 控件上显示文本的对齐模式
AutoSize	获取或设置一个值，该值指示是否根据显示内容的大小自动调整控件的大小
Location	获取或设置该控件的左上角相对于其容器的左上角的坐标

下面是一个 Label 简单示例：
Label（标签控件）在"工具栏"中的位置和 Label 属性设计器如图 4-2、图 4-3 所示。

图 4-2　Label 控件位置

图 4-3　Label 标签控件属性设计器

示例界面图 4-1 中包含 7 个 Label 控件，只需从工具箱把 Label 控件拖入到窗体中并设置 Label 控件的 Name 和 Text 两个属性即可。表 4-2 列出了这 7 个 Label 控件的 Name 和 Text 属性值。

表 4-2　设置 Label 控件的 Name 属性和 Text 属性

Name 属性	Text 属性
lblCusId	用户 ID：
lblCusPwd	密码：
lblSex	性别：
lblAge	年龄：
lblHobby	爱好：
lblProvince	所在省份：
lblPicture	照片：

可以直接通过 Name 属性访问控件，通过 Text 属性来访问显示的描述性文字。图 4-1 所使用的 Label 标签控件如图 4-4 所示。

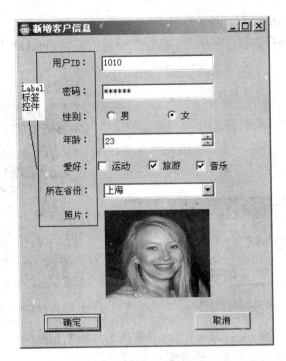

图 4-4　Label 控件应用示例

4.1.2　LinkLabel（超链接标签控件）

Windows 窗体 LinkLabel 控件使您可以向 Windows 窗体应用程序添加 Web 样式的链接。一切可以使用 Label 控件的地方，都可以使用 LinkLabel 控件；还可以将文本的一部分设置为指向某个对象或者 Web 页的链接。

使用 LinkLabel 控件可以实现的功能除了具有 Label 控件的所有属性、方法和事件以外，LinkLabel 控件还有针对超链接和链接颜色的属性。LinkArea 属性设置激活链接的文本区域。LinkColor、VisitedLinkColor 和 ActiveLinkColor 属性设置链接的颜色。LinkClicked 事件确定选择链接文本后将发生的操作。

表 4-3 列出了 LinkLabel 控件最常用的几个属性。

表 4-3　LinkLabel 控件的常用属性

属性名	描述
Font	显示文本内容的字体格式
Name	获取或设置控件的名称
Text	在 LinkLabel 控件上显示的文本内容
TextAlign	在 LinkLabel 控件上显示文本的对齐模式
LinkColor	确定超链接处于默认状态时的颜色
ActiveLinkColor	确定当用户单击超链接时超链接的颜色
LinkVisited	确定超链接是否应该按已访问的样式呈现
VisitedLinkColor	确定当 LinkVisited 属性设置为 True 时超链接的颜色

下面是一个 LinkLabel 简单示例:

LinkLabel（超链接标签控件）在"工具栏"中的位置和 LinkLabel 属性设计器如图 4-5、图 4-6 所示。

图 4-5　LinkLabel 控件位置

图 4-6　LinkLabel 标签控件属性设计器

图 4-7 界面中包含 2 个 LinkLabel 控件，只需从工具箱把 LinkLabel 控件拖入到窗体中并设置 LinkLabel 控件的 Name 和 Text 两个属性即可。

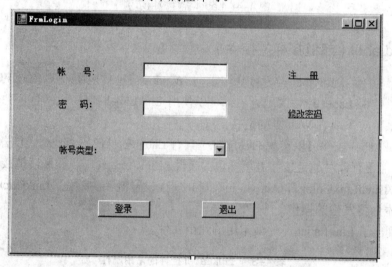

图 4-7　LinkLabel 控件应用示例

4.2　TextBox（文本框控件）

在 Windows 应用程序界面上，我们也会经常需要输入文本内容（单行的、多行的或密码），这些都由 TextBox（文本框）控件提供和实现的。TextBox 控件提供了基本的文本输入和编辑功能。使用 TextBox 控件，用户可以在应用程序中输入文本。使用 TextBox 控件，可以把"工具栏"中的 TextBox 控件拖到指定的设计器上，并通过"属性"来设置其相关的属性。表 4-4 列出了 TextBox 控件最常用的几个属性。

表 4-4 TextBox 控件的常用属性

属性名	描述
AcceptsReturn	获取或设置一个值，该值指示在多行 TextBox 控件中按 Enter 键时，是在控件中创建一行新文本还是激活窗体的默认按钮
AcceptsTab	获取或设置一个值，该值指示在多行文本框控件中按 Tab 键时，是否在控件中键入一个 Tab 字符，而不是按选项卡的顺序将焦点移动到下一个控件
Multiline	如果设置为 True，该文本框内容能够多行显示，否则单行显示，默认值为 False
PasswordChar	设置或获取一个字符，该字符用于屏蔽单行 TextBox 控件中的密码字符
ReadOnly	如果设置为 True，TextBox 有一个灰色的背景色，并且内容不能修改
Name	获取或设置控件的名称
Text	TextBox 的内容

若要限制某些文本不被输入到 TextBox 控件，可以创建一个 KeyDown 事件处理程序，以便验证在控件中输入的每个字符，也可以通过将 ReadOnly 属性设置为 True 来"阻止"向 TextBox 控件中输入内容。TextBox 最常用的事件是 TextChanged 事件，当文本框内容改变时发生。

下面是一个 TextBox 控件的简单示例：

TextBox 控件在"工具栏"中的位置和其属性设计器如图 4-8、图 4-9 所示。

图 4-8 TextBox 控件位置

图 4-9 TextBox 文本框控件属性设计器

示例界面 4-1 中包含 2 个 TextBox 控件，只需从工具箱把 TextBox 控件拖入到窗体中并设置这两个 TextBox 控件的 Name 属性和其中一个 TextBox 控件的 PasswordChar 属性即可。表 4-5 是这两个文本框控件的属性说明。

表 4-5 设置 TextBox 控件的 Name 属性和 PasswordChar 属性

Name 属性	PasswordChar 属性
txtCusId	空
txtCusPwd	*

可以通过 TextBox 控件的 Name 属性直接访问 TextBox 控件，可以通过 TextBox 控件的 Text 属性得到用户输入的文本。图 4-10 是示例运行后在这两个文本框中输入内容后显示的效果。

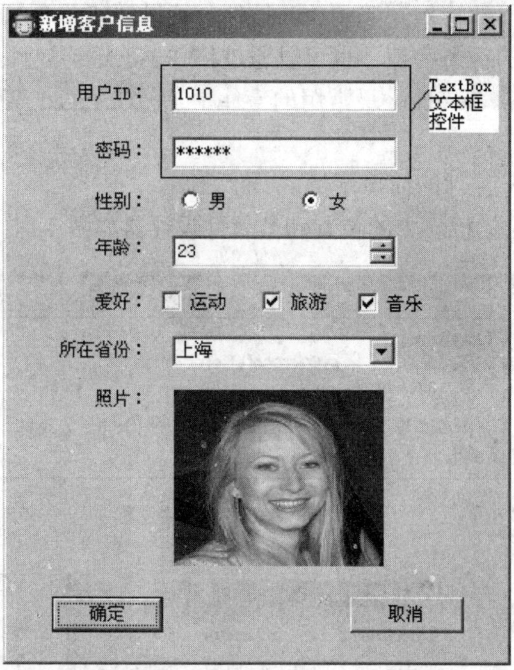

图 4-10 TextBox 控件应用示例

关于 TextBox 控件可以显示多行文本的示例效果，请先设置 TextBox 控件的 Multiline 属性为 True，然后拖动文本框的边框调整大小即可。

TextBox 控件的 Text 属性不但可以设置，我们还可以通过 Text 属性得到 TextBox 文本框中的内容：

MessageBox.Show(txtCusPwd.Text,"得到 TextBox 文本框中的值");

另外，TextBox 控件还提供了对剪贴板的操作，如 Cut，Copy，Paste 和 Undo 等方法，这样我们就可以利用这些方法快速的对 TextBox 控件中的内容进行操作。表 4-6 列出了 TextBox 控件常用的一些方法。

表 4–6　TextBox 控件的方法

方法	描述
AppendText	向文本框的当前文本追加文本
Clear	从文本框控件中清除所有文本
Copy	将文本框中的当前选定内容复制到"剪贴板"
Cut	将文本框中的当前选定内容移动到"剪贴板"中
Paste	用剪贴板的内容替换文本框中的当前选定内容
Undo	撤销文本框中的上一个编辑操作

最后，我们来看看 TextBox 控件的事件。TextBox 控件主要的事件就是 TextChanged 事件，在文本的内容发生修改的时候该事件被触发，还有就是通过该事件，我们可以对用户输入的内容进行及时的验证。我们看示例代码 4-1：

示例代码 4-1：XT_TextBoxChanged 项目中 FrmTextChanged.cs 的完整代码

```csharp
using System;
using System.Collections.Generic;
using System.ComponentModel;
using System.Data;
using System.Drawing;
using System.Linq;
using System.Text;
using System.Windows.Forms;

namespace XT_TextBoxChanged
{
    public partial class FrmTextChanged : Form
    {
        public FrmTextChanged()
        {
            InitializeComponent();
        }

        private void txtTest_TextChanged(object sender, EventArgs e)
        {
            try //处理异常代码，后面的章节会介绍到
            {
                //把 Text 的内容转化为 double 类型，并且判断它是否为负数
                if (double.Parse(txtTest.Text) < 0)
```

```
                {
                    //如果是负数，显示为红色
                    txtTest.ForeColor = Color.Red;
                }
                else
                {
                    //如果不是负数，则显示为蓝色
                    txtTest.ForeColor = Color.Blue;
                }
            }
            catch
            {
                //如果类型转换失败，也就是输入的不是一个数字，则显示为绿色
                txtTest.ForeColor = Color.Green;
            }
        }
    }
}
```

在运行的时候，如果我们输入一个负数，TextBox 中的内容就是用红色显示的，如图 4-11 所示。

图 4-11　TextChanged 事件示例

4.2.1　Dock 属性和 Anchor 属性

有两个属性和 TextBox 的布局有关，它们就是 Anchor 和 Dock。

Dock 是用来设置该控件的边框停靠到父容器的边框上的位置，并且随父容器一起变化。如果我们把 TextBox 的 Dock 属性改为 Bottom，显示效果如图 4-12 所示。

我们可以发现，当修改 Form 的形状大小的时候，TextBox 控件一直紧贴底部没有变化。参见图 4-13。

图 4-12　Dock 属性测试　　　　　　图 4-13　Form 调整后界面

Anchor 属性是用来设置控件绑定到的容器的位置并确定控件如何随其父级一起调整大小。

我们先把 Dock 属性设置为 None，然后我们设置 Anchor 属性为 Bottom,Right，运行程序，显示效果如图 4-14、图 4-15 所示。

图 4-14　Anchor 属性测试

图 4-15　Form 调整后图形

我们可以发现，当修改 Form 的形状大小的时候，TextBox 控件一直和底部以及右边框保持的距离没有变化。

4.2.2 PasswordChar 属性

通常，TextBox 控件用于显示单行文本或接受单行文本的输入。TextBox 控件还可用于接受密码或其他敏感信息，在控件的单行文本中可以使用 PasswordChar 属性屏蔽输入的字符。只需设置文本框控件的 PasswordChar 属性值为 "*"（或其他字符如 "#" 等），这样就起到保护密码的作用了，效果如图 4-10 中的密码文本框。

4.2.3 控件命名

在 WinForm 应用程序编写过程中，控件的命名应遵循一定的规则。表 4-7 列出了一些控件命名规范的例子，请按照这样的规则编写我们自己的程序，使程序更便于访问和阅读。

表 4-7 常用控件的命名规则

控件名	规范命名	示例
Form（窗体）	FrmXXX	FrmLogin
Label（标签）	lblXXX	lblCusId
LinkLabel（超链接标签）	llblXXX	llblRegister
TextBox（文本框）	txtXXX	txtCusId
Button（按钮）	btnXXX	btnSave
RadioButton（单选框）	rdoXXX	rdoFemale
NumericUpDown（数字显示框）	numXXX	numAge
CheckBox（复选框）	chkXXX	chkSport
ComboBox（组合框）	cboXXX	cboProvince
ListBox（项目列表框）	lbXXX	lbProvince
PictureBox（图片框）	picXXX	picLily
TableCantrol（选项卡）	tcXXX	tcStudent
GroupBox（分组框）	gpbXXX	gpbRegister
Panel（表板）	pnlXXX	pnlSearch
ContextMenuStrip（上下文菜单）	ctxXXX	ctxChangeState
MenuStrip（菜单栏）	msXXX	msAdmin
StatusStrip（状态栏）	ssXXX	ssLink
ToolStrip（工具栏）	tsXXX	tsManage
ToolStripMenuItem（菜单项、工具项）	tsmiXXX	tsmiExit
Timer（定时器）	tmrXXX	tmrRequest
DataGridView（数据网格视图）	dgvXXX	dgvTickets
DateTimePicker（日期显示框）	dtpXXX	dtpLogin
ImageList（图像列表框）	ilXXX	ilUsers
ListView（列表视图）	lvXXX	lvStudents
ListViewItem（列表视图项）	lviXXX	lviStudent

虽然表 4-7 中的很多控件我们都还没见过，但是养成良好的命名习惯，是成为一名优秀程序员的前提，请大家在给控件命名的时候，一定要记得规范哦。

4.3 CheckBox（复选框控件）

我们经常看到 Windows 应用程序界面上有一组可以复选的选项按钮，这就是由 CheckBox（复选框）控件组成的。CheckBox 控件为用户提供一项选择，如"真/假"或"是/否"。CheckBox 控件还允许用户选择一组选项。

使用 CheckBox 控件，可以把"工具栏"中的 CheckBox 控件拖到指定的设计器上，并通过"属性"来设计其相关属性。表 4-8 列出了 CheckBox 控件比较常用的一些属性。

表 4-8 CheckBox 控件的常用属性

属性名	描述
Appearance	获取或设置确定 CheckBox 控件外观的值
Checked	获取或设置一个值，该值指示 CheckBox 是否处于选中状态
CheckState	获取或设置一个值，该值指示此 CheckBox 是否允许三种复选状态而不是两种。使用 CheckState 枚举类型（Checked，Unchecked，Indeterminate）
Name	获取或设置控件的名称
Text	按钮的显示内容

下面是一个 CheckBox 复选框控件的示例：
CheckBox 控件在"工具栏"中的位置和其属性设计器如图 4-16、图 4-17 所示。

图 4-16 CheckBox 控件位置

图 4-17 CheckBox 复选框控件属性设计器

示例界面 4-1 中包含 3 个 CheckBox 控件，只需从工具箱把 CheckBox 控件拖入到窗体中并设置这三个 CheckBox 控件的 Name 和 Text 属性，表 4-9 列出了三个 CheckBox 控件的属性说明。

表 4-9 设置 CheckBox 控件的 Name 属性和 Text 属性

Name 属性	Text 属性
chkSport	运动
chkMusic	音乐
chkTour	旅游

CheckBox 控件常用的事件是 CheckedChanged 事件（当 Checked 属性的值更改时发生）和 CheckStateChanged 事件（当 CheckState 属性的值更改时发生）。

我们可以通过 Name 属性直接访问 CheckBox 控件，可以通过访问 Checked 属性来确定是否被选择。图 4-18 是选定 CheckBox 时的运行效果。

图 4-18 CheckBox 控件应用示例

4.4 RadioButton（单选框控件）

我们在 Windows 应用程序界面上还常看到一些单选按钮，它们是由 RadioButton（单选框）控件组成的。当与其他 RadioButton 控件成对出现时，使用户能够从一组选项中选择一个选项。当用户选择一个组内的一个选项按钮（也称作单选按钮）时，其他选项按钮会自动清除选定。给定容器（如 Form）中的所有 RadioButton 控件构成一个组。若要在一个窗体上创建多个组,请将每个组放在它自己的容器(例如 GroupBox 或 Panel 等控件)中。

RadioButton 和 CheckBox 控件的功能相似:它们提供用户可以选择或清除选定的选项。不同之处在于,可以同时选定多个 CheckBox 控件,而 RadioButton 控件却是互相排斥的。

使用 RadioButton 控件,可以把"工具栏"中的 RadioButton 控件拖到指定的设计器上,并通过"属性"来设计相关属性。表 4-10 列出了 RadioButton 控件比较常用的一些属性。

表 4-10 RadioButton 控件的常用属性

属性名	描述
Checked	获取或设置一个值,该值指示是否已选中控件
Name	获取或设置控件的名称
Text	按钮的显示内容

下面是一个 RadioButton 单选框控件的示例:

RadioButton 控件在"工具栏"中的位置和其属性设计器如图 4-19、图 4-20 所示。

图 4-19 RadioButton 控件位置

图 4-20 RadioButton 单选框控件属性设计器

示例界面图 4-1 中包含 2 个 RadioButton 控件,只需从工具箱把 RadioButton 控件拖入到窗体中并设置这两个 RadioButton 控件的 Name 和 Text 属性。表 4-11 是这两个 RadioButton 的属性说明。

表 4-11 设置 RadioButton 控件的 Name 属性和 Text 属性

Name 属性	Text 属性
rdoMale	男
rdoFemale	女

RadioButton 控件常用的事件是 CheckChanged 事件，当 Checked 属性的值更改时发生。我们可以通过 Name 属性来直接访问 RadioButton 控件，可以通过 Checked 属性来确认是否被选择，图 4-21 是示例运行后的效果。

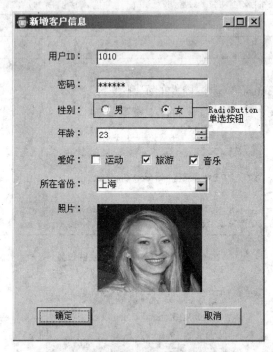

图 4-21 RadioButton 控件应用示例

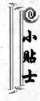
RadioButton 和 CheckBox 的区别：由多个组成一组时，RadioButton 组成的一组只能选择一个，而 CheckBox 组成的一组可以选择多个。

CheckBox 控件一般在可以选择多个的时候使用，而 RadioButton 控件在多个选项中只选择一个的时候使用。因此当要使用 RadioButton 按钮的时候，我们先要为 RadioButton 按钮分组。在使用时，一般是将一个容器中的 RadioButton 按钮作为一组。也就是说，在一个容器中的 RadioButton 控件，只能有一个被选中，容器控件我们将在下一章讲解。

4.5 ComboBox（组合框控件）

在 Windows 用户界面中，我们经常会看到用户可以在很多个选项中选择一个选项，这是由 ComboBox（组合框）控件实现的。ComboBox 控件是对 TextBox 控件进行了扩充，使它能够用下拉组合框显示数据。该控件可以有一个下拉列表可以让客户选择。当一个用户选择了下拉列表中的一个选项后，该选项的值就会在文本框中显示出来。当下拉列表中的选项过多的时候，下拉列表就会有一个滚动条。

使用 ComboBox 控件，可以把"工具栏"中的 ComboBox 控件拖到指定的设计器上，并通过"属性"来设置其相关属性。表 4-12 列出了 ComboBox 控件比较常用的一些属性。

表 4-12 ComboBox 控件的常用属性

属性名	描述
DropDownStyle	获取或设置指定组合框样式的值
Items	获取一个对象，该对象表示该 ComboBox 中所包含项目的集合
MaxDropDownItems	获取或设置要在 ComboBox 的下拉部分中显示的最大项数
SelectedIndex	获取或设置指定当前选定项的索引
SelectedItem	获取或设置 ComboBox 中当前选定的项
Name	获取或设置控件的名称

下面是一个 ComboBox 组合控件的示例：

ComboBox 控件在"工具栏"中的位置和其属性设计器如图 4-22、图 4-23 所示。

图 4-22 ComboBox 控件位置

图 4-23 ComboBox 组合框控件属性设计器

关于 ComboBox 选项（Items）的设置界面如图 4-24 所示。

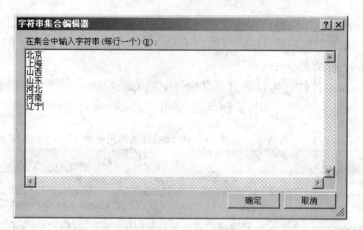

图 4-24 ComboBox 控件的 Items 属性设置

显示效果图 4-25 中的"所在省份"使用了 ComboBox 控件的 Name、DropDownStyle 和 Items 属性。我们可以通过 Name 属性直接访问 ComboBox 控件，通过 DropDownStyle 属性可以设置 ComboBox 控件的运行效果（DropDownStyle 属性值是 ComboBoxStyle 枚举值中的一个），Items 属性值是 ComboBox 控件的选项集合。ComboBox 控件常用的事件是 SelectedIndexChanged 事件，在 SelectedIndex 属性更改后发生。

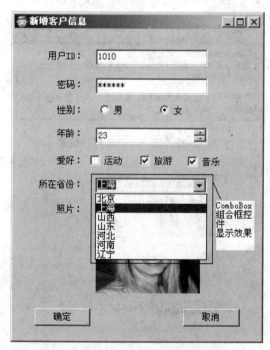

图 4-25 ComboBox 控件应用示例

4.6 ListBox（项目列表控件）

这是一个和 ComboBox 控件很类似的控件。ListBox 控件是用来显示一个选项列表，客户可以在这些选项列表中选择一个或多个，而 ComboBox 只能选择一个。ListBox 控件可以向用户显示一列项，用户可通过单击选择这些项。如果 ListBox 的内容选项总数超出可以显示的项数，ListBox 自动向 ListBox 控件添加滚动条，用户可以滚动滚动条选择选项。

使用 ListBox 控件，可以把"工具栏"中的 ListBox 控件拖到指定的设计器上，并通过"属性"来设置其相关属性。表 4-13 列出了 ListBox 控件比较常用的一些属性。

表 4-13　ListBox 控件的常用属性

属性名	描述
Items	获取 ListBox 中所包含项的集合
MultiColumn	获取或设置一个值，该值指示 ListBox 是否支持多列
SelectedIndex	获取或设置 ListBox 中当前选定项的索引（从零开始）
SelectedIndices	获取一个集合，该集合包含 ListBox 中所有当前选定项的索引
SelectedItem	获取或设置 ListBox 中的当前选定项
SelectedItems	获取包含 ListBox 中当前选定项的集合
SelectionMode	获取或设置在 ListBox 中选择项所用的方法
Sorted	获取或设置一个值，该值指示 ListBox 中的项是否按字母顺序排序
ScrollAlwaysVisible	获取或设置一个值，该值指示是否任何时候都显示垂直滚动条
Name	获取或设置控件的名称

下面是一个 ListBox 控件的示例：

ListBox 控件在"工具栏"中的位置和其属性设计器如图 4-26、图 4-27 所示。

图 4-26　ListBox 控件位置

图 4-27　ListBox 项目列表控件属性设计器

ListBox 控件中的 Items 选项设置界面如图 4-28 所示。

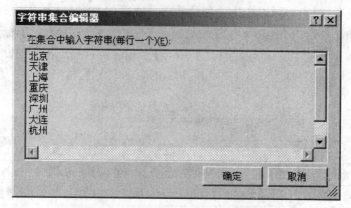

图 4-28　ListBox 控件的 Items 属性设置

ListBox 控件的显示效果如图 4-29 所示。

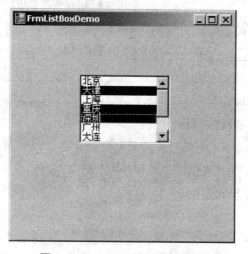

图 4-29　ListBox 控件应用示例

　　ListBox 和 ComboBox 的区别：ListBox 一般用于多选（设置 ListBox 控件的 SelectionMode），ComboBox 用于单选。

4.7　NumericUpDown（数字显示框控件）

　　一个包含单个数值的 NumericUpDown 控件，通过单击该控件的向上或向下按钮可使该数值递增或递减。可通过设置 DecimalPlaces、Hexadecimal 或 ThousandsSeparator 属性来设置数字的显示格式。若要制定控件允许值的范围，请设置 Minimum 和 Maximum 属性。设置

Increment 值，以指定在用户单击向上或向下箭头按钮时将 Value 属性的值递增或递减。

使用 NumericUpDown 控件，可以把"工具栏"中的 NumericUpDown 控件拖到指定的设计器上，并通过"属性"来设置其相关属性。表 4-14 列出了 NumericUpDown 控件比较常用的一些属性。

表 4-14 NumericUpDown 控件的常用属性

属性名	描述
Minimum	获取或设置数字显示框的最小允许值
Maximum	获取或设置数字显示框的最大允许值
Increment	获取或设置单击向上或向下按钮时，数字显示框递增或递减的值
Name	获取或设置控件的名称

下面是一个 NumericUpDown 控件的示例：
NumericUpDown 控件在"工具栏"中的位置和其属性设计器如图 4-30、图 4-31 所示。

图 4-30 NumericUpDown 控件位置

图 4-31 NumericUpDown 数字显示框控件属性设计器

显示效果图 4-32 中"年龄"部分使用了 NumericUpDown 控件，只需从工具箱把 NumericUpDown 控件拖到窗体中并设置这个 NumericUpDown 控件的 Name、Increment、Maximun 和 Minimum 属性，我们可以通过 Name 属性直接访问 NumericUpDown 控件，可以通过 Value 属性得到其实际显示值。

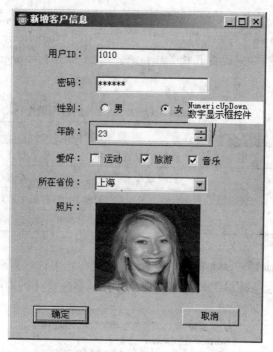

图 4-32 NumericUpDown 控件应用示例

4.8 PictureBox（图片框控件）

我们会在 Windows 应用系统中看到图片的显示，而在 Windows 用户界面中用于显示图片的是 PictureBox（图片框）控件。通常使用 PictureBox 控件来显示位图、原文件、图标、JPEG、GIF 或 PNG 文件中的图形。在默认情况下，PictureBox 控件是没有任何边框的。PictureBox 不是可选择的控件，这意味着该控件不能接受输入焦点。

使用 PictureBox 控件，可以把"工具栏"中的 PictureBox 控件拖到指定的设计器上，并通过"属性"来设置其相关属性。表 4-15 列出了 PictureBox 控件比较常用的一些属性。

表 4-15　PictureBox 控件的常用属性

属性名	描述
Image	获取或设置 PictureBox 显示的图像
SizeMode	指示如何显示图像
ImageLocation	获取或设置要在 PictureBox 中显示的图像的路径
Name	获取或设置控件的名称

下面是一个 PictureBox 控件的示例：
PictureBox 控件在"工具栏"中的位置和其属性设计器如图 4-33、图 4-34 所示。

图 4-33　PictureBox 控件位置

图 4-34　PictureBox 图片框控件属性设计器

点击图 4-34 中 Image 属性的浏览按钮，根据需要选择相应内容。PictureBox 控件关于 Image 属性设置的界面如图 4-35 所示。

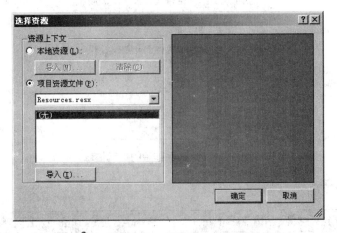

图 4-35　PictureBox 控件的 Image 属性设置

显示效果图 4-36 中"照片"使用了 PictureBox 控件，只需从工具箱把 PictureBox 控件拖到窗体中并设置这个 PictureBox 控件的 Name、Image 和 SizeMode 属性即可。

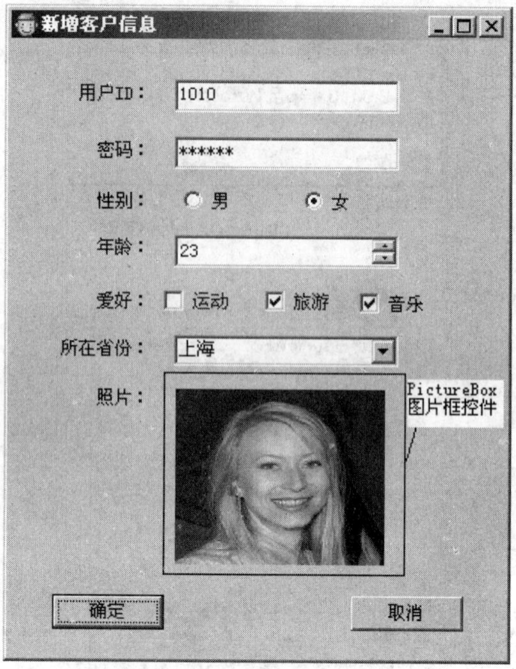

图 4-36 PictureBox 控件应用示例

PictureBox 控件通常用于显示静态的图片。

通过上面的几个控件的介绍，我们通过 Button 控件的 Click 事件来确认我们填写的个人信息并以消息框来显示。关于如何添加 Button 事件和运行程序，我们在前面一章已经介绍过了。下面我们运行这个程序将得到如图 4-37 所示消息框信息。

图 4-37 点击保存后的提示信息

下面是此示例的完整代码：

示例代码 4-2：XT_AddCustomer 项目中 FrmAddCustomer.cs 的完整代码

```
using System;
using System.Collections.Generic;
using System.ComponentModel;
using System.Data;
using System.Drawing;
using System.Linq;
using System.Text;
```

```csharp
using System.Windows.Forms;

namespace XT_AddCustomer
{
    public partial class FrmAddcustomer : Form
    {
        public FrmAddcustomer()
        {
            InitializeComponent();
        }

        private void btnSave_Click(object sender, EventArgs e)
        {
            if (txtCusId.Text == "" || txtCusPwd.Text == "" || cboAddress.Text == "" ||
                (rdoFemale.Checked == false && rdoMale.Checked == false))
                MessageBox.Show("请将信息填写完整", "温馨提示");
            else
            {
                string msg = "";//定义表示提示消息的字符串 msg
                msg += "用户 ID：" + txtCusId.Text + "\n\r";
                if (rdoMale.Checked)//判断选择的性别
                {
                    msg += "性别：男\n\r";
                }
                if (rdoFemale.Checked)
                {
                    msg += "性别：女\n\r";
                }
                msg += "年龄：" + numAge.Value.ToString() + "\n\r";
                msg += "爱好：";
                if (chkSport.Checked)//判断选择的是哪一项爱好
                {
                    msg += "运动 ";
                }
                if (chkTour.Checked)
                {
                    msg += "旅游 ";
                }
```

```
            if (chkMusic.Checked)
            {
                msg += "音乐 ";
            }
            msg += "\n\r";
            msg += "所在省份：" + cboAddress.SelectedItem.ToString() + "\n\r";
            MessageBox.Show(msg, "请确认信息", MessageBoxButtons.OK,
 MessageBoxIcon.Information);//消息提示
            Application.Exit();//退出整个系统
        }
    }


    private void btnClose_Click(object sender, EventArgs e)
    {
        Application.Exit();//退出整个系统
    }
}
```

4.9 小结

✓ Windows 窗体的几种常用控件的使用和其相关的一些主要属性。
✓ Label 控件的 AutoSize 属性设为 True 的时候，Label 可以根据显示内容的大小自动调整控件的大小。
✓ 控件的 Anchor 和 Dock 属性可以用来布局。
✓ TextBox 的 PasswordChar 属性可以用来隐藏用户输入的内容。
✓ TextBox 的 Multiline 属性可以允许用户进行多行输入。
✓ CheckBox 是可以进行多选的，而 RadioButton 是单选框。

4.10 英语角

Picture	图片
Numeric	数值的
Increment	增量
Maximum	最大值
Minimum	最小值

| List | 列表 |
| ReadOnly | 只读的 |

4.11 作业

1. 实现示例中的界面。
2. 使用 TextBox 控件显示多行文本。
3. 动态添加 ComboBox 和 ListBox 中的选项。
4. 在 CheckBox 和 RadioButton 中,判断用户选择的某一项。

4.12 思考题

实现一个商品信息添加界面。商品信息主要有:商品名称、商品类别、商品规格、生产厂家、厂家地址、商品零售价格、商品批发价格、商品进货价格、商品库存和商品照片。(提示:商品规格是可以固定的且可以多选的)

第 5 章　C#Windows 容器控件和菜单控件

学习目标

- ◆ 掌握 GroupBox 控件。
- ◆ 了解 Panel 控件。
- ◆ 掌握 TabControl 和 TabPage 控件。
- ◆ 了解 StatusStrip 控件。
- ◆ 掌握 MenuStrip 和 ToolStrip 控件。

通过前一章的学习，我们基本了解了 Windows 窗体的一些常用控件和使用，如 Label、LinkLabel、TextBox、Button、ComboBox、CheckBox、RadioButton 和 NumericUpDown 等控件。在本章中，我们将学习到 Windows 窗体的一些高级控件的使用。这些高级控件有 GroupBox、Panel、MenuStrip、ToolStrip、StatusStrip 和 TabControl 等一些控件。

下面我们就对这些控件做一个介绍。

我们先来看看容器控件。

在容器控件中可以添加其他的控件，并且可以把一些容器控件的属性应用到它所容纳的控件上，比如当我们把容器控件的 Enabled 属性设置为 False 的时候，容器内的控件都不能使用。当容器控件被删除的时候，容器内的控件也将被删除。

5.1　GroupBox

我们知道一个人的信息资料中包含很多信息，如人的性别和最高学历。我们都知道性别是从男或女中选择一个，而最高学历是从小学、初中到研究生等几个中选择一个，它们是不同的两种信息，在前一章的学习中我们知道应用 RadioButton 来实现。而且我们还知道 RadioButton 在窗体上是构成一组的。我们只能从这两个信息中选择一个，而无法实现从不同的两组信息中各选择一个。此时为了解决这样的问题，出现了 GroupBox（组框）控件。（如果有两个分组框，每个分组框都包含多个选项按钮（也称为单选按钮），每组按钮都互相排斥，每组设置一个选项值。）

GroupBox 控件显示围绕一组控件的框架（带或不带标题）。使用 GroupBox 对窗体上的控件集合进行逻辑分组。组框是可用于定义控件组的容器控件。

GroupBox 控件不能显示滚动条。如果需要可包含滚动条的类似于 GroupBox 的控件，请参见后面 Panel 控件。

使用 GroupBox 控件，可以把"工具栏"中的 GroupBox 控件拖到指定的设计器上，并通过"属性"来设置其相关的属性。表 5-1 列出了 GroupBox 控件最常用的几个属性。

表 5-1 GroupBox 控件的常用属性

属性名	描述
Enabled	获取或设置一个值，该值指示控件是否可以对用户交互作出响应
FlatStyle	获取或设置组框控件的平面样式外观
Name	获取或设置控件的名称
Text	获取或设置组框控件的标题

下面是一个 GroupBox 控件简单示例：
GroupBox 控件在"工具栏"中的位置和其属性设计器如图 5-1、图 5-2 所示。

图 5-1 GroupBox 控件位置　　图 5-2 GroupBox 控件属性设计器

下面的示例就是实现两组不同信息的显示，我们运行示例并确认，效果如图 5-3 所示。

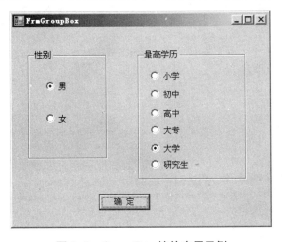

图 5-3 GroupBox 控件应用示例

我们点击"确认"按钮后显示消息框确认，如图 5-4 所示。

图 5-4 调试后结果

下面是此示例完整的代码：

示例代码 5-1：XT_GroupBox 项目中 FrmGroupBox.cs 的完整代码

```csharp
using System;
using System.Collections.Generic;
using System.ComponentModel;
using System.Data;
using System.Drawing;
using System.Linq;
using System.Text;
using System.Windows.Forms;

namespace XT_GroupBox
{
    public partial class FrmGroupBox : Form
    {
        public FrmGroupBox()
        {
            InitializeComponent();
        }
        private void btnOk_Click(object sender, EventArgs e)
        {
            string msg = ""; //用来显示提示框信息
            msg += "性别：";
            if (rbtnMale.Checked)
            {
                msg += "男";
            }
            if (rbtnFemale.Checked)
            {
                msg += "女";
            }
            msg += "\n\r";
            msg += "最高学历：";
```

```csharp
            if (rbtnGrs.Checked)
            {
                msg += "小学";
            }
            if (rbtnJhs.Checked)
            {
                msg += "初中";
            }
            if (rbtnSbs.Checked)
            {
                msg += "高中";
            }
            if (rbtnJc.Checked)
            {
                msg += "大专";
            }
            if (rbtnUniversity.Checked)
            {
                msg += "大学";
            }
            if (rbtnGs.Checked)
            {
                msg += "研究生";
            }
            MessageBox.Show(msg, "GroupBox", MessageBoxButtons.OK);
        }
    }
}
```

5.2 Panel

Panel 控件主要用于对控件集合进行分组，即是一个包含其他控件的控件。Panel 控件与其他容器控件（如 GroupBox 控件）一样，如果 Panel 控件的 Enabled 属性设置为 False，则也会禁用包含在 Panel 中的控件。Panel 控件不显示标题。如果需要与 Panel 类似可显示标题的控件，则可以使用 GroupBox 控件。

默认情况下，Panel 控件在显示时没有任何边框。可以用 BorderStyle 属性提供标准或三维的边框，将面板区与窗体上的其他区域分开。我们可以用 AutoScroll 属性来启用 Panel 控件中的滚动条，当 AutoScroll 属性设置为 True 时，使用所提供的滚动条可以滚动显示 Panel 中（但不在其可视区域内）的所有控件。可以使用 Panel 来组合控件的集合，例如一组 RadioButton 控件。我们把前面的示例用 Panel 来实现。（Panel 和 GroupBox 的区别是前一个无标题和可以滚动而后一个有标题）。

使用 Panel 控件，可以把"工具栏"中的 Panel 控件拖到指定的设计器上，并通过"属性"来设置其相关的属性。表 5-2 列出了 Panel 控件最常用的几个属性。

表 5-2　Panel 控件的常用属性

属性名	描述
Enabled	获取或设置一个值，该值指示控件是否可以对用户交互作出响应
AutoScroll	获取或设置一个值，该值指示容器是否允许用户滚动到任何放置在其可见边界之外的控件
BorderStyle	指示控件的边框样式

下面是一个 Panel 简单示例：

Panel（标签控件）在"工具栏"中的位置和 Panel 属性设计器如图 5-5、图 5-6 所示。

图 5-5　Panel 控件位置

图 5-6　Panel 控件属性设计器

下面是图 5-3 所示示例修改后（只是把 GroupBox 换成了 Panel，其他没有改动）的显示效果（图 5-7）。

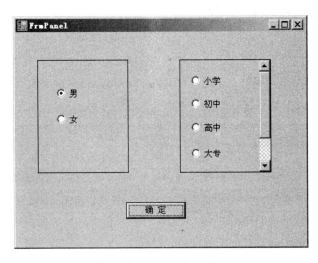

图 5-7 Panel 控件应用示例

为了显示效果,我们把 Panel 控件中的 BorderStyle 属性设置为 FixedSingle 和 AutoScroll 设置为 True,点击"确认"按钮后显示的效果如图 5-4 所示,其实现代码基本和上面的代码一样。

5.3 TabControl

通常我们需要在一个窗口中显示大量的信息的时候,而且这些信息在一个窗体中显示不了,而且我们可能还希望把这些信息进行分类,一次显示其中一部分的相关的内容,以增加程序的可读性。这个时候可以通过 TabControl 控件来实现,该控件可以在同一窗体中定义多页。例如:下面的界面(图 5-8)显示了 Word 中项目编号的对话框,可以通过选择不同标签来查看不同的标号方式。

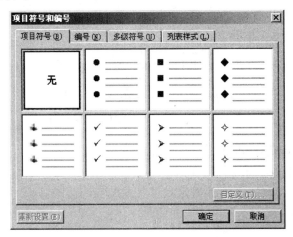

图 5-8 Word 中使用 TabControl 示例

TabControl 控件主要用于管理相关的选项卡页集。TabControl 包含选项卡页,这些选项卡页由通过 TabPages 属性添加的 TabPage 对象表示。此集合中的选项卡页的顺序反映了选项卡在控件中出现的顺序。用户可以通过单击控件中的某一选项卡来更改当前的 TabPage。

使用 TabControl 控件，可以把"工具栏"中的 TabControl 控件拖到指定的设计器上，并通过"属性"来设置其相关属性。表 5-3 列出了 TabControl 控件常用的一些属性。

表 5-3 TabControl 控件的常用属性

属性名	描述
TabPages	获取该选项卡控件中选项卡页的集合
SelectedIndex	获取或设置当前选定的选项卡页的索引
SelectedTab	获取或设置当前选定的选项卡页

下面是一个 TabControl 按钮控件的示例：

TabControl 按钮控件在"工具栏"中的位置和其属性设计器如图 5-9、图 5-10 所示。

图 5-9 TabControl 控件位置

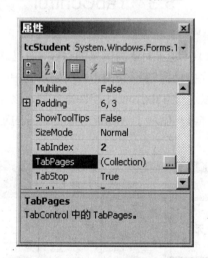

图 5-10 TabControl 控件属性设置器

TabControl 控件中的 TabPages 属性设置见 5.4 节内容介绍。

TabControl 控件的显示效果如图 5-11 所示。

我们还可以通过 TabControl 控件来设计复杂的界面，图 5-12 是 IE 中工具菜单中的"Internet 选项"界面。

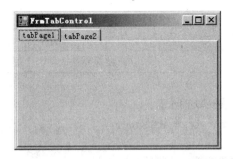

图 5-11　TabControl 控件的显示

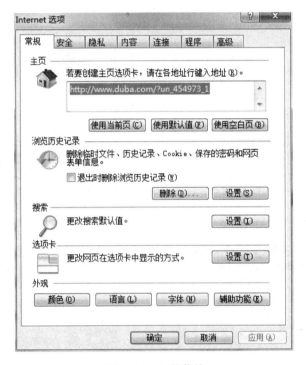

图 5-12　工具菜单

5.4　TabPage

TabPage 控件表示 TabControl 控件中的选项卡页。TabControl.TabPages 集合中选项卡页的顺序反映了 TabControl 控件中选项卡的顺序。若要更改控件中选项卡的顺序，则必须通过移除并在新索引位置插入来更改选项卡在集合中的位置。

TabControl 中的选项卡是 TabControl 的一部分，但不是单个 TabPage 控件的一部分。TabPage 类的成员（如 ForeColor 属性）只影响选项卡页的矩形工作区，而不影响选项卡。此外，TabPage 的 Hide 方法不会隐藏选项卡。若要隐藏选项卡，必须从 TabControl.TabPages 集合中移除 TabPage 控件。表 5-4 列出了 TabPage 控件常用的属性。

表 5-4　TabPage 的常用属性

属性名	描述
Text	获取或设置要在选项卡上显示的文本

TabPage 属性设计器如图 5-13 所示。

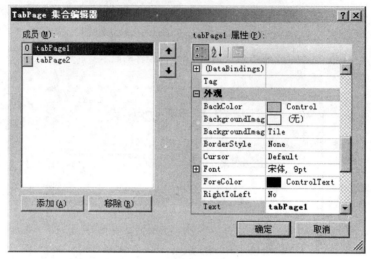

图 5-13　TabPage 属性设计器

图 5-14 是一个简单的 TabPage 控件的演示效果。

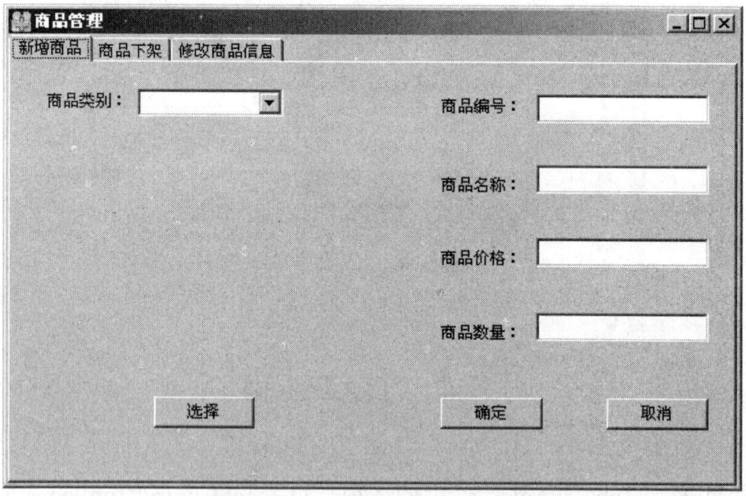

图 5-14　TabPage 控件演示效果

5.5　StatusStrip

虽然 StatusStrip 对以前版本的 StatusBar 控件进行替换和扩展，但是考虑到向后兼容性和将来的使用（如果你选择），仍然保留了 StatusBar。

StatusStrip 控件显示关于正在 Form 上查看的对象或该对象的组件的信息，或显示与该对象在应用程序中操作相关的上下文信息。通常 StatusStrip 控件由 ToolStripStatusLabel 对象组成，其中每个对象都显示文本和图标。StatusStrip 还可包含 ToolStripDropDownButton、ToolStripSplitButton 和 ToolStripProgressBar 控件。

默认的 StatusStrip 没有面板。若要将面板添加到 StatusStrip，请使用 ToolStripItemCollection.AddRange 方法，或使用 StatusStrip 项集合编辑器在设计时添加、移除或重新排序项并修改属性。使用 StatusStrip 任务对话框在设计时运行常用命令。

使用 StatusStrip 控件，可以把"工具栏"中的 StatusStrip 控件拖到指定的设计器上，并通过"属性"来设置其相关属性。表 5-5 列出了 StatusStrip 控件比较常用的一些属性。

表 5-5 StatusStrip 的常用属性

属性名	描述
Items	获取属于 ToolStrip 的所有项
ImageList	获取或设置包含 ToolStrip 项上显示的图像的图像列表
GripStyle	获取或设置用于重新定位控件的手柄的可见性

下面是一个 StatusStrip 控件的示例：
StatusStrip 控件在"工具栏"中的位置和其属性设计器如图 5-15、图 5-16 所示。

图 5-15 StatusStrip 控件位置

图 5-16 StatusStrip 控件属性设置器

StatusStrip 控件中 Items 属性设置界面如图 5-17 所示。

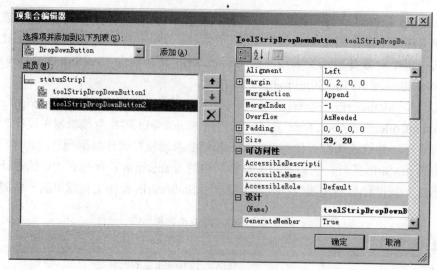

图 5-17 Items 属性设置界面

StatusStrip 控件的显示效果如图 5-18 所示。

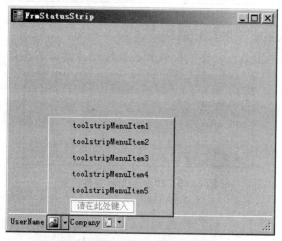

图 5-18 StatusStrip 控件的显示效果

5.6 MenuStrip

菜单是 Windows 应用程序中经常使用的一类功能，基本上每一个 Windows 界面都会有菜单，为菜单提供支持的是 MenuStrip 控件。MenuStrip 提供窗体的菜单系统。MenuStrip 控件表示窗体菜单结构的容器。你可以将 ToolStripMenuItem 对象添加到表示菜单结构中各菜单命令的 MenuStrip 中。每个 ToolStripMenuItem 可以成为应用程序的命令或其他子菜单项的父菜单。

MenuStrip 是 ToolStripMenuItem、ToolStripComboBox、ToolStripSeparator 和 ToolStripTextBox 对象的容器。

MenuStrip 控件表示窗体菜单结构的容器。我们可以将 ToolStripMenuItem 对象添加到表示菜单结构中各菜单命令的 MenuStrip 中。每个 ToolStripMenuItem 可以成为应用程序的命令或其他子菜单项的父菜单。

ToolStripMenuItem 是一个最普通的菜单项。为了显示 ToolStripMenuItem，必须将其添加到 MenuStrip。

ToolStripMenuItem 类提供使您得以配置菜单项的外观和功能的属性。若要显示菜单项旁边的选中标记，可以使用 Checked 属性。使用此功能可以标识在互斥的菜单项列表中选定的菜单项。

ToolStripComboBox 菜单项可以显示与一个 ComboBox 组合的编辑字段，使用户可以从列表中选择或输入新文本。默认情况下，ToolStripComboBox 显示一个编辑字段，该字段附带一个隐藏的下拉列表。DropDownStyle 属性确定要显示的组合框样式。你可以输入一个值，该值指示允许以下情况：简单的下拉列表（始终显示列表）、下拉列表框（文本部分不可编辑，并且必须选择一个箭头才能查看下拉列表框）。和 ComboBox 一样可以使用 Items 属性下的 Add 方法添加单个选项。

ToolStripSeparator 可以对菜单或 ToolStrip 上的相关项进行分组。ToolStripSeparator 根据其容器自动设置间距并水平或垂直地定向。

要创建一个菜单首先要从工具栏上拖一个 MenuStrip 控件到 Form 上，这样就可以在 Form 的上部创建一个菜单栏，选中 MenuStrip 控件，点击它的图标，我们可以在设计模式下创建一个应用程序的菜单项，并且编辑菜单项。而且菜单项和其他的控件一样都是对象，有属性、方法和事件。

使用 MenuStrip 控件，可以把"工具栏"中的 MenuStrip 控件拖到指定的设计器上，并通过"属性"来设置其相关属性。表 5-6 列出了 MenuStrip 控件比较常用的一些属性。

表 5-6 MenuStrip 的常用属性

属性名	描述
Items	获取属于 MenuStrip 的所有项的集合
ImageList	获取或设置包含 MenuStrip 项上显示的图像的图像列表
GripStyle	获取或设置用于重新定位控件的手柄的可见性

下面是一个 MenuStrip 组合框控件的示例：
MenuStrip 控件在"工具栏"中的位置和其属性设计器如图 5-19 所示。

图 5-19 MenuStrip 控件位置

我们可以在属性框中看到该控件的一些属性如图 5-20 所示。

图 5-20　MenuStrip 控件属性设置器

当我们拖了一个 MenuStrip 控件到 Form 中以后，可以看到如图 5-21 所示的效果。

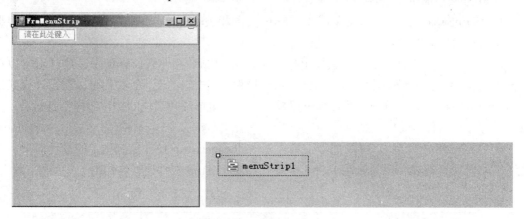

图 5-21　菜单的创建

MenuStrip 控件关于 Items 属性设置界面如图 5-22 所示。

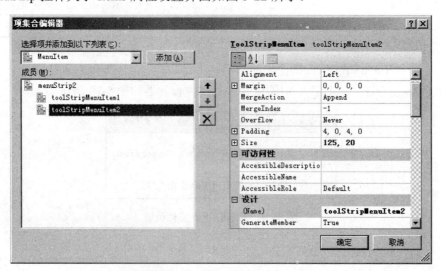

图 5-22　Items 属性设置界面

要创建一个访问快捷键，我们可以在要设置快捷键的字母前面添加一个"&"符号，比如，我们要为 File 菜单项设置一个在字符 F 有一条下划线的快捷键。那么可以这样输入字符 &File，显示的时候就是 File，如果要显示一个&符号，那么可以使用&&来显示一个&符号，我们也可以为 ToolStripMenuItems 设置快捷键属性，在属性栏窗口中，选中 ShortcutKeys 属性，可以显示一个选择框，在这个选择框中，可以为菜单项设置一个快捷键。

接下来，我们来看看 MenuStrip 的一些属性、方法和事件：

MenuStrip 的属性

Items 属性：该菜单项的子菜单选项集合。

HasChildren 属性：表示该菜单是否有子菜单。

ToopStripMenuItem 的属性

Checked 属性：表示该菜单项的复选框是否被选中。

CheckOnClick 属性：表示是否应在被单击时自动显示为选中或未选中。

DropDownItems 属性：表示该子菜单的子菜单选项集合。

ToopStripMenuItem 的事件

Click 事件：当点击菜单项或者通过快捷键访问该菜单的时候，该事件被触发。

当我们要为某菜单项创建 Click 事件，我们只要在设计界面上双击要创建事件的菜单项即可。

图 5-23、图 5-24 所示是一个简单的 MenuStrip 控件的演示效果。

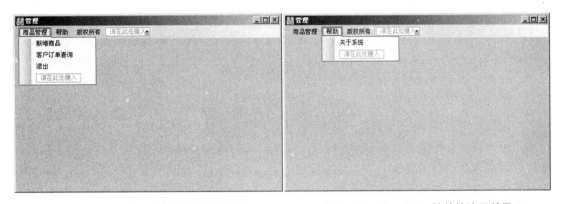

图 5-23　MenuStrip 控件的演示效果 1　　图 5-24　MenuStrip 控件的演示效果 2

该程序有多个顶级的菜单，如：商品管理、帮助等都属于顶级菜单，如图 5-23 所示是中顶级菜单"商品管理"中有多个菜单。顶级菜单"帮助"仅包括了一个"关于系统"菜单。

5.7　上下文菜单

一个上下文菜单是分配给窗体的一个或者一组控件的菜单。通常由单击鼠标右键能够激活。在大多数 Windows 应用程序中，几乎屏幕上的任何可以放置光标的地方都可以设置一个右击鼠标按钮弹出对话框。如：我们在 Windows 桌面上点击鼠标右键可以看到如图 5-25 所示的菜单。

图 5-25 上下文菜单演示效果

上下文菜单与主菜单在编程上不同的就是它们的菜单容器不同，主菜单的容器是 MenuStrip，所有的菜单项都在该控件下。但是上下文菜单的容器是 ContextMenuStrip。

那么，如果当我们在某个控件上点击鼠标右键的时候弹出一个上下文菜单呢，只要将 ContextMenuStrip 与控件关联就可以了，也就是将控件的 ContextMenuStrip 属性设置为关联 ContextMenuStrip 对象。

比如，通过以下代码我们可以为 Label 控件设置一个上下文菜单：

myLabel.ContextMenuStrip=myContextMenuStrip；

然后在上下文菜单中添加菜单项

myContextMenuStrip.Items.Add(toolStripMenuItem1)；

当然，我们也可以像主菜单一样在 Visual Studio 2008 中通过设计器来设计上下文菜单的菜单项。

5.8 ToolStrip

应用程序中的菜单可以为我们提供快速访问的方式，但是有的时候一些常用的菜单也有些不常用的菜单都是通过点击鼠标，打开子菜单，然后选中。有没有什么方式，能够提供一个控件，在这个控件上提供一些常用的按钮，比如"Open""Save"等，工具栏为 Windows 用户提供了这样一种常见操作的方式。

工具栏上可以有多个按钮，按钮通常都是带有图标的，也可以通过显示文本，比如在 word 中工具栏上的按钮都是没有文字的，完全由图标组成，而 IE 上的工具栏有些按钮是有文本内容的，如图 5-26、图 5-27 所示。

图 5-26 IE 浏览器工具栏

图 5-27 Word 编辑器中的浏览器工具栏

在这里，我们可以使用 ToolStrip 控件实现工具栏功能。ToolStrip 为 Windows 工具栏对象提供容器。在新的 Windows 窗体应用程序中可使用 ToolStrip 及其相关的类来创建工具栏，这些工具栏具有 Windows XP、Office、Internet Explorer 或自定义的外观和行为（它们均可以使用主题又可以不使用主题，均支持溢出和在运行时对项重新排序）。ToolStrip 控件也提供丰富的设计时体验，包括就地激活和编辑、自定义布局以及共享指定的 ToolStripContainer 内的水平空间或垂直空间。

一般的应用程序中，工具栏提供了部分菜单所提供的功能的快捷方式。创建一个工具栏的原则是选择合适数目的工具栏按钮。若太少了，一些用户经常使用的功能可能还要通过访问菜单，若太多了，则用户会觉得泛滥。

和菜单一样，创建工具栏，我们首先要为窗口添加一个工具栏容器，在 Dot Net2.0 中，工具栏容器是 ToolStrip 控件。当我们把一个 ToolStrip 控件加入到 Form 上进行设计的时候，可以发现它和 MenuStrip 非常相似。由于在工具栏上使用图片比使用文本多得多，所以在工具栏使用更多的是图片按钮。

ToolStrip 是 ToolStripButton、ToolStripComboBox、ToolStripSplitButton、ToolStripLabel、ToolStripSeparator、ToolStripDropDownButton、ToolStripProgressBar 和 ToolStripTextBox 对象的容器。

尽管 ToolStrip 类提供了许多可管理绘制、鼠标和键盘输入以及拖放功能的成员，但是你可以使用 ToolStripManager 类在指定的 ToolStripContainer 内联接 ToolStrip 控件，以及将 ToolStrip 控件相互合并。通过将 ToolStripRenderer 类和 ToolStripManager 类结合使用，可以获得对绘制样式和布局样式的更好控制和更多的自定义功能。

虽然 ToolStrip 对以前版本的 ToolBar 控件的功能进行了替换和增补，但是考虑到向后兼容性和将来的使用（如果您选择），仍然保留了 ToolBar。

使用 ToolStrip 控件，可以把"工具栏"中的 ToolStrip 控件拖到指定的设计器上，并通过"属性"来设置其相关属性。表 5-7 列出了 ToolStrip 控件比较常用的一些属性。

表 5-7 ToolStrip 的常用属性

属性名	描述
Items	获取属于 ToolStrip 的所有项
ImageList	获取或设置包含 ToolStrip 项上显示的图像的图像列表
GripStyle	获取或设置用于重新定位控件的手柄的可见性

下面是一个 ToolStrip 控件的示例：
ToolStrip 控件在"工具栏"中的位置和其属性设计器如图 5-28、图 5-29 所示。

图 5-28 ToolStrip 控件位置

图 5-29　ToolStrip 控件属性设置器

我们可以在属性栏中对 Items 属性进行修改，我们点击该属性时就会弹出如图 5-30 所示的对话框。ToolStrip 控件关于 Items 属性设置界面如图 5-30 所示。

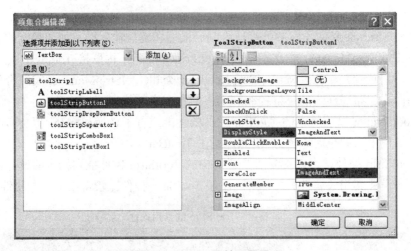

图 5-30　Items 属性设置界面

和 MenuStrip 控件一样，在 ToolStrip 中也有很多项能够使用如下的项：

ToolStripButton：该控件显示为一个按钮，在该按钮上可以放置图片，设置文本。

ToolStripLabel：该控件显示为一个文本框，该控件也能显示图片，该控件一般使用在一些不能显示文本信息控件的前面，比如 TextBox 或者 ComboBox 控件。

ToolStripSplitButton：该控件表示左侧标准按钮和右侧下拉按钮的组合，当右侧的下拉按钮被点击的时候，会显示一个下拉菜单。但是，当你点击左侧按钮的时候，下拉菜单不会被显示。

ToolStripDropDownButton：该控件非常类似于 ToolStripSplitButton 按钮，只不过它没有左侧的按钮。

ToolStripComboBox：该控件是一个组合框。

ToolStripTextBox：一个文本框。

ToolStripSeparator：显示一个分隔符。

图 5-31 是一个简单的 ToolStrip 控件的演示效果。

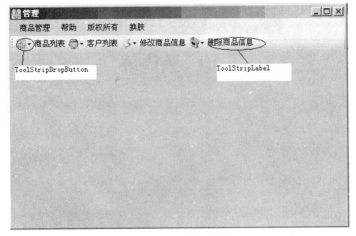

图 5-31　设计界面

在该设计界面上菜单和图 5-23、图 5-24 的菜单演示效果一样，在菜单下方，有一个 ToolStrip 控件，在该控件上第一个是 ToolStripDropButton 控件，第二个是 ToolStripLabel 控件。第三、五、七控件和第一个控件相同都是 ToolStripDropButton 控件，第二、四、六控件和第二个相同都是 ToolStripLabel 控件。

5.9　小结

✓ GroupBox 控件能够显示一个标题而 Panel 没有标题，Panel 可以有一个滚动条，而 GroupBox 没有。GroupBox 的边框默认为细线，而 Panel 为 Null，但是我们可以设置 Panel 的 BorderStyle 属性来改变 Panel 的边框。

✓ Panel 和 GroupBox 控件内也能放 Panel 和 GroupBox 控件。

✓ 菜单容器为 MenuStrip。

✓ 菜单项控件有 ToolStripMenuItem、ToolStripComboBox、ToolStripSeparator 和 ToolStripTextBox。

✓ ToolStripMenuItem 是一个最普通的菜单项。为了显示 ToolStripMenuItem，必须将其添加到 MenuStrip。

✓ ToolStripComboBox 菜单项可以显示与一个 ListBox 组合的编辑字段，使用户可以从列表中选择或输入新文本。

✓ ToolStrip 控件是工具栏容器。

✓ 工具栏容器中 ToolStripButton、ToolStripComboBox、ToolStripSplitButton、ToolStripLabel、ToolStripSeparator、ToolStripDropDownButton、ToolStripProgressBar 和 ToolStripTextBox 等控件。

✓ ToolStripButton：该控件显示为一个按钮，在该按钮上可以放置图片，也可设置文本

✓ ToolStripLabel：该控件显示为一个文本框，该控件也能显示图片，该控件一般是用在一些不能显示文本信息控件的前面。

✓ ToolStripSeparator：显示一个分隔符。

5.10 英语角

Menu	菜单
Container	容器
Tool	工具
Panel	面板
Status	状态
Layout	布局

5.11 作业

1. 在 ToolStrip 中添加 ToolStripButton 按钮，并产生处理动作。

2. 如何产生多级菜单，如同 Visual Studio 2012 中的"视图""调试"或"格式"显示效果。

3. 实现如图 5-32 所示功能的程序，该应用程序有一个 TabControl 控件，在该控件中有两个 TabPage，每个 TabPage 中都有 3 个 RadioButton 控件，当我们选择不同的 RadioButton 按钮时，程序中的 Label 控件会根据用户选择的内容显示出不同的效果。

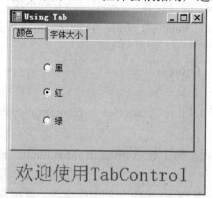
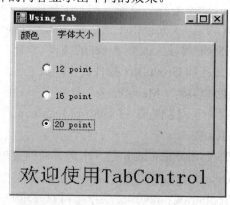

图 5-32 显示不同的效果

4. 实现如图 5-33 所示功能的应用程序，在该应用程序中，有一个 GroupBox 容器控件，还有一个是 Panel 控件，在 GroupBox 容器控件中是一组 MessageBox 按钮类型的 RadioButton，在 Icon 容器控件中是一组 MessageBox 按钮图标的选择按钮。当我们点击 Display 按钮，就会根据我们在 ButtonType 和 Icon 中选择的情况弹出相应的 MessageBox 对话框（图 5-34）。注意：当程序开始时，ButtonType 默认为 OK，Icon 默认为 Asterisk。

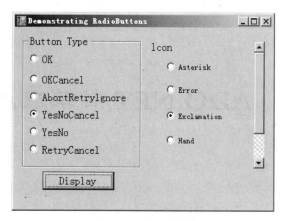

图 5-33 运行界面

图 5-34 运行结果图

5.12 思考题

实现菜单功能，然后根据菜单功能实现 ToolStrip 功能，考虑如何把菜单功能和工具栏功能联系起来，比如，菜单有一个"打开文件"。工具栏中也有一个"打开文件"，不管是点击菜单中的"打开文件"还是工具栏中的"打开文件"，它们都运行的是同一段代码。

第 6 章　ADO.NET 简单应用（1）

学习目标

◇ 了解 ADO.NET。
◇ 了解数据提供程序。
◇ 掌握 Connection、Command、DataAdapter、DataReader、DataSet 对象。
◇ 掌握连接数据库、用 DataGridView 显示数据、用 ComboBox 显示数据，使用 DataReader 读取数据并显示。

　　本章主要介绍了在.NET 平台下，我们使用 ADO.NET 来实现应用程序和数据库的连接。简单介绍了 ADO.NET 的主要组件，包括 Connection、Command、DataAdapter、DataReader、DataSet 等对象的简单应用。学习了如何用 DataGridView 和 ComboBox 控件来显示数据库中数据，以及如何用 DataReader 对象从数据库中读取用户需要的数据。

6.1　ADO.NET 概述

　　数据库的应用在我们的生活和工作中已经无处不在，无论是一个小企业的 OA 系统，还是中国移动的运营系统，似乎都离不开数据库的应用。对于大多数应用程序来说，不管它们是 Windows 桌面应用程序，还是 Web 应用程序，存储和检索数据都是其核心功能。所以针对数据库的开发已经成为软件开发的一种必备技能。如果说过去是"学好数理化，走遍天下都不怕"，那么，对于今天的软件开发者而言就是"学好数据库，走到哪儿都不怵！"。

　　我们创建的大部分应用程序都要访问或者保存数据，通常，这些数据都是存储在数据库中的。比如我们去超市买东西，在结账的时候，只要刷一下条形码，超市的结算系统就能够根据条形码从数据库中读取商品的价码，计算出我们买的东西的价钱。要是没有数据库，这么多商品的价格都靠收银员输入到系统中就太麻烦了。

　　我们常用的数据库有很多种，比如有 SQL Server、MS Access、Oracle 等。为了使用户端能够访问服务器上的数据，就需要用到数据库访问的技术和方法，ADO.NET 就是这种技术之一。本章将介绍基于 ADO.NET 的数据源连接和数据读写知识。图 6-1 是访问数据库的简单示意图。

图 6-1 应用程序访问数据库示意图

6.1.1 ADO.NET 的简介

ADO.NET 是微软新一代.NET 数据库的访问架构，ADO 是 ActiveX Data Objects 的缩写。ADO.NET 是数据库应用程序和数据源之间沟通的桥梁，主要提供一个面向对象的数据访问架构，用来开发数据库应用程序。

ADO.NET 是.NET Framework 下的一种新的数据访问编程模型，是.NET Framework 中不可缺少的一部分，它是一组类，通过这些类，我们的.NET 应用程序就可以访问数据库了。ADO.NET 的功能非常强大，它提供了对关系数据库、XML 以及其他数据库存储的访问，我们的应用程序可以通过 ADO.NET 连接到这些数据源，对数据进行增删查改操作。

ADO.NET 与数据源断开连接时也可以使用数据，这是它的一个非常大的优点。这是怎么做到的呢？这就好比我们有一个大的水源，用水泵将水源的水抽到一个水库中，这样即使撤掉抽水装置，也可以保持水的存在。这也正是 ADO.NET 的核心。

类似的，ADO.NET 可以把数据源检索到的数据保存在本地一个叫做"数据集"的地方，这样应用程序直接操作本地的数据就行了，数据源就可以给更多的应用程序提供服务，这就是 ADO.NET 的断开连接模型。

利用 ADO.NET 操作数据库的简单示意图如图 6-2 所示。

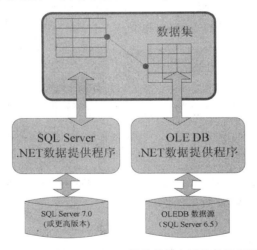

图 6-2 利用 ADO.NET 操作数据库的简单示意图

6.1.2 ADO.NET 的组件

ADO.NET 对象模型由两个主要部分组成：DataSet（数据集）和.NET Framework 数据提供程序。

➢ DateSet 允许在无连接的高速缓存中存储和管理数据，独立于任何数据源，使用它，我们可以不必直接和数据库打交道，可以大批量地操作数据，也可以将数据绑定在控件上。

➤ .NET Framework 数据提供程序与物理数据源进行连接，是专门为数据处理以及快速地对数据库的读写而设计的组件。使用它，我们可以连接到数据库、执行命令和检索结果，直接对数据库进行操作。

.NET Framework 数据提供程序包含了访问各种数据源数据的对象，它是和数据库有关的。目前有 4 种类型的数据提供程序，见表 6-1。

表 6-1 .NET Framework 数据提供程序

.NET Framework 数据提供程序	说明
SQL Server .NET Framework 数据提供程序	提供对 Microsoft SQL Server7.0 版或更高版本的数据访问 使用 System.Data.SqlClient 命名空间
OLE DB .NET Framework 数据提供程序	适合于使用 OLE DB 公开的数据源 使用 System. Date.OleDb 命名空间
ODBC .NET Framework 数据提供程序	适合于使用 ODBC 公开的数据源 使用 System.Data.Odbc 命名空间
Oracle .NET Framework 数据提供程序	适用于 Oracle 数据源。Oracle .NET Framework 数据提供程序支持 Oracle 客户端软件 8.1.7 版和更高版本 使用 System.Data.OracleClient 命名空间

具体要使用那种数据提供程序，要看我们使用什么数据库。.NET Framework 数据提供程序包括 4 个核心对象，见表 6-2。

表 6-2 .NET Framework 数据提供程序的 4 个核心对象

对象	说明
Connection	建立与特定数据源的连接
Command	对数据源执行命令
DataReader	从数据源中读取只进且只读的数据流
DataAdapter	用数据源填充 DataSet 并解析更新

不同的命名空间中都有相应的对象，比如我们要操作 SQL Server 数据库，需要使用 System.Data.SqlClient 命名空间，SQL 数据提供程序中的类都以"Sql"开头，所以它的 4 个核心对象分别为：SqlConnection、SqlCommand、SqlDataReader、SqlDataAdapter。我们这本书中都是利用 SQL Server. NET 数据提供程序来操作数据库的。

6.2 Connection 对象

当我们的应用程序要使用数据的时候，怎么能够找到数据库呢？这就需要 Connection 对象（connection：连接）。它就像是我们的水库到水源的一条管道，有了 Connection 对象，我们的应用程序就能够连接到数据库了。

6.2.1 Connection 对象简介

不同的.NET 数据提供程序都有自己的连接类，见表 6-3。具体使用哪个连接类，就看我们使用什么类型的数据库。

表 6-3 .NET 数据提供程序及相应的连接类

.NET 数据提供程序	连接类
SQL 数据提供程序 System.Data.SqlClient 命名空间	SqlConnection
OLE DB 数据提供程序 System.Data.OleDb 命名空间	OleDbConnection
ODBC 数据提供程序 System.Data.Odbc 命名空间	OdbcConnection
Oracle 数据提供程序 System.Data.OracleClient 命名空间	OracleConnection

为了能连接数据库，Connection 对象提供了一些属性和方法，见表 6-4。

表 6-4 Connection 对象的主要属性和方法

属性	说明
ConnectionString	用于连接数据库的连接字符串
方法	说明
Open	使用 ConnectionString 属性所指定的设置打开数据库连接
Close	关闭与数据库的连接

Connection 对象主要是开启程序和数据库之间的连结。没有利用连接对象将数据库打开，是无法从数据库中取得数据的。这个对象在 ADO.NET 的最底层，我们可以自己产生这个对象，或是由其他的对象自动产生。

6.2.2 连接数据库

在 ADO.NET 中，如果使用.NET Framework 数据提供程序操作数据库，必须调用 Connection 对象的 Open()方法先打开与数据库的连接，在操作完数据库后，必须调用 Connection 对象的 Close()方法关闭连接。

连接数据库的主要步骤如下。

第一步：定义连接字符串（ConnectionString）

例如：

String ConnectionString=" Data Source =STUDENT; Initial Catalog =dept_emp; User ID =sa";

其中：Data Source=服务器名；Initial Catalog=数据库名；User ID=用户名。

连接字符串（ConnectionString）定义了同数据库建立连接需要的参数如表 6-5 所示。

表 6–5　ConnectionString 所需参数

参数	描述
Provider	建立连接的数据供应商。只有 OleDbConnection 需要设置该值
Connect Timeout	建立连接的超时值，默认是 15 秒
Initial Catalog	数据库名称
Data Source	SQL Server 服务器名称，或 Access 数据库的文件名
Password	SQL Server 登录账号密码
User ID	SQL Server 登录账号名称
Integrated Security 或 Trusted_Connection	是否使用 Windows 集成验证，值为 True, False, 和 SSPI (SSPI = True)

不同的数据库连接字符串格式不同，SQL Server 数据库混合模式下的连接字符串格式一般为：

Data Source=服务器名；Initial Catalog=数据库名；User ID=用户名；Pwd=密码

例如，我们想连接到本机的 EBuy 数据库，连接字符串可以写成：

String conString="Data Source =.; Initial Catalog =dept_emp; User ID =sa";

小贴士

连接字符串中：服务器如果是本机，可以输入"."来代替计算机名或者 IP 地址；
密码如果为空，可以省略 Pwd 一项；各参数之间用 ";" 号隔开；
字母的大小写不区分。

第二步：创建 Connection 对象。
使用定义好的连接字符串创建 Connection 对象。

SqlConnection con =new SqlConnection(conString); //conString 为前面定义好的连接字符串

第三步：打开与数据库的连接。
调用 Connection 对象的 Open()方法打开数据库连接。

con.Open();

在这三步中，第一、二步也可以调换，可以先创建一个 Connection 对象，再设置它的 ConnectionString 属性，如：

SqlConnection con =new SqlConnection();
String conString = "data source=.;initial catalog=EBuy;user id=sa;pwd=sa"; //大小写不区分
con.ConnectionString=conString;

你可能会说连接字符串这么长，怎么记得住呢？其实我们不必完全自己来手写连接字符串，可以使用数据链接属性获得连接字符串。方法如下：

（1）新建一个文本文档，把文档的后缀改成 .udl。如果文本文档的名字为 con，那么文本文档的名字就是 con.udl。

（2）打开 con.udl，先选择提供程序中的 Microsoft OLE DB Provider for SQL Server，如图 6-3 所示。

图 6-3　添加数据库连接

（3）在弹出的"连接"对话框中，输入服务器名，用户名，选择要连接的数据库，点击测试连接，最后点击确定。

（4）右击 con.udl，选择"打开方式"中的"记事本"就可以找到连接字符串了。

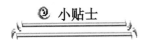

> 当我们对数据库操作时，先用 Open 方法打开数据库，当操作完毕要用 Close 方法关闭与数据库的连接，释放资源。

6.3　Command 对象

Command 对象主要可以用来对数据库发出一些指令，例如可以对数据库下达查询、新增、修改、删除数据等指令。这个对象是架构在 Connection 对象上，也就是 Command 对象是通过连接到数据源的 Connection 对象来下命令的；所以 Connection 连接到哪个数据库，Command 对象的命令就下到哪里。

6.3.1 Command 对象简介

Command 对象用来对数据源执行命令。例如：SqlCommand 类能够在 SQL Server 数据源中执行存储过程或 SQL 语句。

同 Connection 对象一样，Command 对象属于.NET Framework 数据提供程序，不同的数据提供程序有自己的 Command 对象，见表 6-6。

表 6-6 .NET 数据提供程序及相应的命令类

.NET 数据提供程序	连接类
SQL 数据提供程序 System.Data.SqlClient 命名空间	SqlCommand
OLE DB 数据提供程序 System.Data.OleDb 命名空间	OleDbCommand
ODBC 数据提供程序 System.Data.Odbc 命名空间	OdbcCommand
Oracle 数据提供程序 System.Data.OracleClient 命名空间	OracleCommand

建立了数据连接后，就可以使用相应的 Command 对象来操作数据库了。Command 对象的主要属性和方法见表 6-7。

表 6-7 Command 对象的主要属性和方法

属性	说明
Connection	Command 对象使用的数据库连接
CommandText	执行的 SQL 语句
方法	说明
ExecuteNonQuery	执行不返回行的语句，如 UPDATE 等
ExecuteReader	执行查询命令，返回 DataReader 对象
ExecuteScalar	返回单个值，如执行 COUNT(*)

本章我们主要掌握 Command 对象的 ExecuteReader()方法，这个方法返回查询的所有结果，返回值是一个 DataReader 对象，详细介绍见 6.6 节。ExecuteScalar 方法返回查询结果中第一行的第一个值，所以一般配合聚合函数一起使用。7.2 节主要讲解 Command 对象的 ExecuteNonQuery()方法。

6.3.2 使用 Command 对象

要使用 Command 对象，必须有一个可用的 Connection 对象，使用 Command 对象的步骤包括：

（1）创建数据库连接

按照我们前面讲过的步骤创建一个 Connection 对象。

（2）定义执行的 SQL 语句

将我们想对数据库执行的 SQL 语句赋给一个字符串。

（3）创建 Command 对象

使用已有的 Connection 对象和 SQL 语句字符串创建一个 Command 对象。

（4）执行 SQL 语句

使用 Command 对象的某个方法执行命令。

例如：

```
SqlConnection con=new SqlConnection("data source=.;initial catalog=PersonInfo;user id=sa");//创建连接
string strsql = "select * from student";//定义 sql 语句
SqlCommand com = new SqlCommand(strsql, con);//创建 Command 对象
con.Open();//打开连接
com. ExecuteReader();//执行 sql 查询语句
//…其他操作
con.Close();//关闭连接
```

6.4　DataGridView 控件

我们从数据库中查询的数据怎么显示在窗体上呢？那就用到了一个很强大的控件——DataGridView 控件。

DataGridView 控件（数据网格视图控件）（图 6-4）是 WinForm 中的一个很强大的控件。

图 6-4　DataGridView 控件

数据网格视图（DataGridView）：它能够以表格的形式显示数据，可以设置为只读，也可以允许编辑数据。要想指定 DataGridView 显示哪个表的数据，只需设置它的 DataSource 属性，一行代码就能实现。

DataGridView 的主要属性见表 6-8。

表 6-8　DataGridView 控件的主要属性

属性	说明
Columns	包含的列的集合
DataSource	DataGridView 的数据源
ReadOnly	是否可以编辑单元格

通过 Columns 属性，我们还可以设置 DataGridView 中每一列的属性，包括列的宽度、列头的文字、是否为只读、是否冻结、对应数据表中的哪一列等，各列的主要属性见表 6-9。

表 6-9　各列的主要属性

属性	说明
DataPropertyName	绑定的数据列的名称
HeaderText	列标题文本
Visible	指定列是否可见
Frozen	指定水平滚动 DataGridView 时列是否移动
ReadOnly	指定单元格是否为只读

6.5　DataSet、DataAdapter 对象

6.5.1　DataSet 对象的创建

当应用程序需要查询数据时，如果每次只能读取一行数据到内存中，而我们想查看 100 条数据，就要从数据库读 100 次，并且在这个过程中要一直保持和数据库的连接，这就给数据库服务器增加了很大的负担。ADO.NET 提供了 DataSet（数据集）对象来解决这个问题。利用数据集，我们可以在断开与数据库连接的情况下操作数据，可以操作来自多个数据源的数据。

我们可以简单地把数据集理解为一个临时的数据库，它把应用程序需要的数据临时保存在内存中，由于这些数据都缓存在本地机器上，就不需要一直保持和数据库的连接。我们的应用程序需要数据时，就直接从内存中的数据集读数据，也可以对数据集中的数据进行修改，然后将修改后的数据一起提交给数据库。

数据集不直接和数据库打交道，它和数据库之间的相互作用都是通过.NET 数据提供程序来完成的，所以数据集是独立于任何数据库的。

数据集的结构和我们熟悉的 SQL Server 非常相似。如图 6-5 所示。

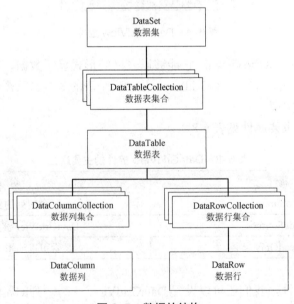

图 6-5　数据的结构

在 SQL Server 数据库中有很多数据表，每个数据表都有行和列。数据集中也包含多个表，这些表构成了一个数据表集合（DataTableCollection），其中的每个数据表都是一个 DataTable 对象。在每个数据表中又有列和行，所有的列一起构成了一个数据列集合（DataColumnCollection），其中每个数据列叫做 DataColumn。所有的行一起构成了数据行集合（DataRowCollection），每一行叫做 DataRow。

数据集并不直接和数据库打交道，它和数据库之间的相互作用是通过.NET 数据提供程序中的数据适配器（DataAdapter）对象来完成的。那么数据集是如何工作的呢？数据集的工作原理如图 6-6 所示。

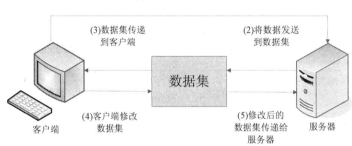

图 6-6 数据集的工作原理

首先，客户端与数据库服务器端建立连接。然后，由客户端应用程序向数据库服务器发送数据请求。数据库服务器接到数据请求后，经检索选择出符合条件的数据，发送给客户端的数据集，这时连接可以断开。接下来，数据集以数据绑定控件或直接引用等形式将数据传递给客户端应用程序。如果客户端应用程序在运行过程中有数据发生变化，它会修改数据集里的数据。当应用程序运行到某一阶段时，比如应用程序需要保存数据，就可以再次建立客户端到数据库服务器端的连接，将数据集里的被修改数据提交给服务器，最后再次断开连接。

把这种不需要实时连接数据库的工作过程叫做面向非连接的数据访问。在 DataSet 对象中处理数据时，客户端应用程序仅仅是在本地机器上的内存中使用数据的副本。这缓解了数据库服务器和网络的压力，因为只有在首次获取数据和编辑完数据并将其回传到数据库时，才用连接到数据库服务器。

介绍了这么多到底该如何创建 DataSet 呢？其实很简单，创建 DataSet 需要使用 new 关键字。

语法格式为：

DataSet 数据集对象 = new DataSet("数据集的名称字符串");

方法中的参数——数据集的名称字符串，可以有，也可以没有，如果没有写参数，创建的数据集的名称就默认为 NewDataSet。例如：

```
DataSet ds1=new DataSet();
DataSet ds2=new DataSet("emp");
```

6.5.2 DataAdapter 对象填充数据集

现在我们知道了数据集（DataSet）的作用是临时存储数据，那么怎样将数据源的数据放在数据集（DataSet）中呢？这就需要使用数据适配器（DataAdapter）对象。

数据适配器（DataAdapter）属于.NET 数据提供程序，所以不同类型的数据库需要使用不同的数据适配器，相应命名空间下的数据适配器对象见表 6-10。

表 6-10 .NET 数据提供程序及其 DataAdapter 类

.NET 数据提供程序	数据适配器类
SQL 数据提供程序 System.Data.SqlClient 命名空间	SqlDataAdapter
OLE DB 数据提供程序 System.Data.OleDb 命名空间	OleDbDataAdapter
ODBC 数据提供程序 System.Data.Odbc 命名空间	OdbcDataAdapter
Oracle 数据提供程序 System.Data.OracleClient 命名空间	OracleDataAdapter

数据适配器从数据库读取数据，是通过一个 Command 命令来实现的，它是数据适配器的一个属性 SelectCommand。把数据放在数据集（DataSet）中，需要使用 DataAdapter 的 Fill() 方法（Fill：填充）。反过来，要把 DataSet 中修改过的数据保存到数据库，需要使用 DataAdapter 的 Update() 方法（Update：更新）。DataAdapter 最常用的属性和方法见表 6-11。

表 6-11 DataAdapter 对象的主要属性和方法

属性	说明
SelectCommand	从数据库检索数据的 Command 对象
方法	说明
Fill	向 DataSet 中的表填充数据
Update	将 DataSet 中的数据提交到数据库

使用 DataAdapter 填充数据集需要 4 个步骤就行了：

（1）创建数据库连接对象（Connection 对象）。
（2）创建从数据库查询数据用的 SQL 语句。
（3）利用上面创建的 SQL 语句和 Connection 对象创建 DataAdapter 对象。
语法格式为：

DataAdapter 对象名 = new SqlDataAdapter(查询用的 SQL 语句,数据库连接);

（4）调用 DataAdapter 对象的 Fill() 方法填充数据集。
语法格式为：

DataAdapter 对象.Fill(数据集对象, "数据表名称字符串");

在第 4 步中，Fill() 方法接收一个数据表名称的字符串参数，如果数据集中原来没有这个数据表，调用 Fill()方法后就会创建一个数据表。如果数据集中原来有这个数据表，就会把现在查出的数据继续添加到数据表中。

DataSet、DataAdapter 对象的关系如图 6-7 所示。

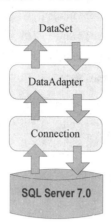

图 6-7 DataSet、DataAdapter 关系示意图

6.5.3 使用 DataGridView 控件显示数据库中数据

上一小节中我们把数据库中的信息填充到了数据集中，怎样利用 DataGridView 显示在窗体上呢？只要三步就够了。

第一步：数据库设计（数据库名 dept_emp），数据库中有两张数据表，数据表 dept 结构设计如表 6-12 所示，数据表 emp 结构设计如表 6-13 所示。

表 6-12 dept 表结构

字段名	字段类型	约束
deptno	varchar(10)	primary key
deptname	varchar(20)	not null unique
deptloc	varchar(50)	

表 6-13 emp 表结构

字段名	字段类型	约束
empno	varchar(10)	primary key
deptno	varchar(10)	foreign key references dept(deptno)
ename	varchar(20)	not null
salary	decimal	default '2000'

向这两张表分别添加如下数据：

```
insert into dept(deptno,deptname,deptloc) values ('101','财务部','天津市河东区')
insert into dept(deptno,deptname,deptloc) values ('102','人事部','天津市河东区')
insert into dept(deptno,deptname,deptloc) values ('103','生产部','天津市东丽区')
```

```
insert into dept(deptno,deptname,deptloc) values ('104','招商部','天津市南开区')

insert into emp(empno,deptno,ename) values ('1001','101','lisa')
insert into emp(empno,deptno,ename) values ('1002','101','peter')
insert into emp(empno,deptno,ename) values ('1003','102','rose')
insert into emp(empno,deptno,ename) values ('1004','102','jack')
insert into emp(empno,deptno,ename) values ('1005','103','jhon')
insert into emp(empno,deptno,ename) values ('1006','103','lucy')
insert into emp(empno,deptno,ename) values ('1007','104','tom')
insert into emp(empno,deptno,ename) values ('1008','104','lily')
```

第二步：添加窗体控件，然后在窗体中添加一个 DataGridView 控件和一个"点击显示 emp 表中数据"的按钮，控件的属性如表 6-14 所示。

表 6-14 控件及属性设置

控件类型	控件属性	控件属性值
Form	Name	FrmDataGridView
	Text	DataGridView 显示数据示例
Button	Name	btnShowData
	Text	点击显示 emp 表中数据
	FlatStyle	Flat
DataGridView	Name	dgvShowEmp
	Dock	Bottom

窗体设计效果如图 6-8 所示。

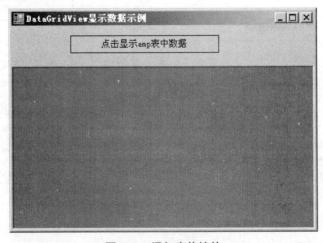

图 6-8 添加窗体控件

第三步：在按钮的 Click 事件中添加显示数据源的代码。

要指定 DataGridView 的数据源只要使用一行代码，设置 DataGridView 的 DataSource 属

性就能达到目的。在 btnShowData 按钮的 Click 事件中，添加两行代码。整个 FrmDataGridView.cs 的代码如示例代码 6-1 所示。

示例用 DataGridView 显示 emp 表中的信息，并分别以别名（员工编号、部门编号、姓名、薪水）显示。

示例代码 6-1：XT_DataGridView 项目中的 FrmDataGridView.cs 中的完整代码

```csharp
using System;
using System.Collections.Generic;
using System.ComponentModel;
using System.Data;
using System.Drawing;
using System.Linq;
using System.Text;
using System.Windows.Forms;
using System.Data.SqlClient;//命名空间
namespace XT_DataGridView
{
    public partial class FrmDataGridView : Form
    {
        public FrmDataGridView()
        {
            InitializeComponent();
        }

        private void btnShowData_Click(object sender, EventArgs e)
        {
            SqlConnection con = new SqlConnection("data source=.;initial catalog=dept_emp;user id=sa");//创建连接
            string strsql = "select empno 员工编号,deptno 部门编号,ename 姓名,salary 薪水 from emp";//查询字符串，并增加别名
            SqlCommand com = new SqlCommand(strsql, con);//创建命令
            SqlDataAdapter sda = new SqlDataAdapter(com);//创建适配器
            DataSet ds = new DataSet();//创建数据集
            con.Open();//打开连接
            sda.Fill(ds, "emp");//填充数据集
            con.Close();//关闭连接
            dgvShowEmp.DataSource = ds;//确定数据源
```

```
            dgvShowEmp.DataMember = "emp";//显示视图
        }
    }
}
```

整个程序运行，点击按钮后的显示效果如图 6-9 所示。

图 6-9 程序运行结果

> **小贴士**
>
> 如果要连接 Sql Server 数据库，那么需要添加命名空间 using System.Data.SqlClient;

6.5.4 使用 ComboBox 控件显示数据库中数据

对复杂型组件的数据绑定是通过设定组件的某些属性来完成数据绑定的。本节就介绍一下 ComboBox 组件的数据绑定。

（1）ComboBox 组件的数据绑定

在得到数据集后，只有设定好 ComboBox 组件的的三个属性就可以完成数据绑定了，这三个属性是："DataSource"、"DisplayMember"、"ValueMember"。其中"DataSource"是要显示的数据集，"DisplayMember"是 ComboBox 组件显示的字段，"ValueMember"是实际使用值。具体如下：

```
comboBox1.DataSource = ds ;//comboBox1 是控件名称，ds 是数据集名称
comboBox1.DisplayMember = "deptname" ;//deptname 为显示列
comboBox1.ValueMember = "deptno" ;//deptno 为绑定列的实际值
```

（2）用 ComboBox 绑定 dept、emp 表的综合示例

第一步：添加一个窗体，在窗体中添加一个 Label、一个 ComboBox、一个 DataGridView，其控件及属性设置如表 6-15 所示。

表 6-15 控件及属性设置

控件类型	控件属性	控件属性值
Form	Name	FrmComboBoxTest
	Text	ComboBox 示例
Label	Name	lblDeptName
	Text	部门
ComboBox	Name	cboDeptName
	DropDownStyle	DropDownList
DataGridView	Name	dgvShowEmp
	Dock	Bottom

第二步：在窗体控件的 Load 事件中添加将控件 cboDeptName 与数据库中 dept 表的 deptname 字段绑定的代码。代码请参考示例代码 6-2 中的 FrmComboBoxTest_Load 事件。（数据库仍然使用 6.5.3 节的 dept_emp 数据库）

窗体设计效果如图 6-10 所示。

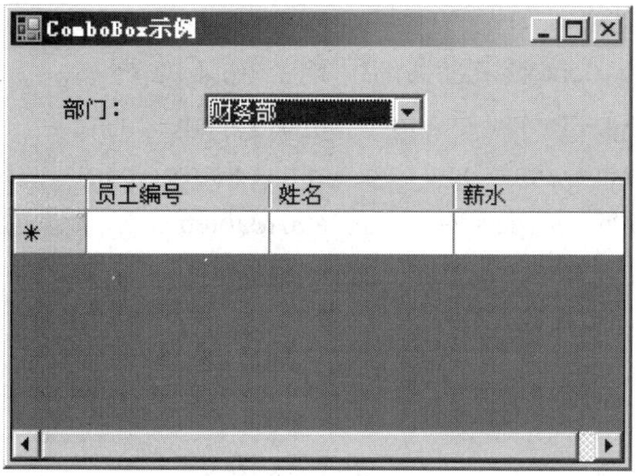

图 6-10 添加一个窗体

第三步：在控件 cboDeptName 的 SelectedIndexChanged 事件中添加代码。根据所选部门的名称，控件 dgvShowEmp 显示所在部门相对应的员工信息。代码请参考示例代码 6-2 中的 cboDeptName_SelectedIndexChanged 事件。

该示例完整的代码如下所示：

示例代码 6-2：XT_ComboBox 项目中的 FrmComboBoxTest.cs 中的完整代码

```
using System;
using System.Collections.Generic;
using System.ComponentModel;
using System.Data;
using System.Drawing;
using System.Linq;
using System.Text;
```

```csharp
using System.Windows.Forms;
using System.Data.SqlClient;//命名空间
namespace XT_ComboBox
{
    public partial class FrmComboBoxTest : Form
    {
        public FrmComboBoxTest()
        {
            InitializeComponent();
        }

        private void FrmComboBoxTest_Load(object sender, EventArgs e)
        {
            SqlConnection con = new SqlConnection("data source=.;initial catalog=dept_emp;user id=sa");//创建连接
            //查询字符串，从 dept 表中查询部门编号和部门名称
            string strsql = "select deptno,deptname from dept";
            SqlCommand com = new SqlCommand(strsql ,con);//创建命令
            SqlDataAdapter sda = new SqlDataAdapter(com);//创建适配器
            DataSet ds = new DataSet();//创建数据集
            con.Open();//打开连接
            sda.Fill(ds,"dept");//填充数据集
            con.Close();//关闭连接
            cboDeptName.DataSource = ds.Tables[0];
            //确定数据源,ds 数据集的 Tables[0]代表数据集中的第一个表
            cboDeptName.DisplayMember = "deptname";//显示中文，方便用户选择
            cboDeptName.ValueMember = "deptno";//绑定与选择对应的另一个值

        }

        private void cboDeptName_SelectedIndexChanged(object sender, EventArgs e)
        {
            string strDeptno = cboDeptName.SelectedValue.ToString();//获取下拉菜单被选中项的值
            if (strDeptno != null)
            {
                SqlConnection con = new SqlConnection("data source=.;initial
```

```
catalog=dept_emp;user
    id=sa");//创建连接
            string strsql = "select empno 员工编号,ename 姓名,salary 薪水 from
emp where
    deptno='"+strDeptno +"'";//查询字符串，并增加别名
            SqlCommand com = new SqlCommand(strsql, con);//创建命令
            SqlDataAdapter sda = new SqlDataAdapter(com);//创建适配器
            DataSet ds = new DataSet();//创建数据集
            con.Open();//打开连接
            sda.Fill(ds, "emp");//填充数据集
            con.Close();//关闭连接
            dgvShowEmp.DataSource = ds;//确定数据源
            dgvShowEmp.DataMember = "emp";//显示视图
        }
      }
    }
  }
```

程序运行结果如图 6-11 所示。

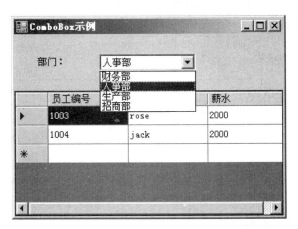

图 6-11　程序运行结果

6.6　DataReader 对象

在本章的第三节中，我们知道了 Command 对象的 ExecuteScalar()方法是从数据库中检索单个值，那么，要想从数据库中读取多条记录怎么办呢？我们可以使用 Command 对象的 ExecuteReader()方法，这个方法返回一个 DataReader 对象，通过这个 DataReader 对象我们就可以从数据库读取数据了。

6.6.1 DataReader 对象简介

使用 DataReader 对象可以从数据库中检索只读的数据，它每次从查询结果中读取一行到内存中，所以使用 DataReader 对数据库进行操作非常快。DataReader 属于.NET 数据提供程序，所以每种.NET 数据提供程序都有自己的 DataReader 类，见表 6-16。

表 6-16 .NET 数据提供程序及其 DataReader 类

.NET 数据提供程序	DataDataReader 类
SQL 数据提供程序 System.Data.SqlClient 命名空间	SqlDataReader
OLE DB 数据提供程序 System.Data.OleDb 命名空间	OleDbDataReader
ODBC 数据提供程序 System.Data.Odbc 命名空间	OdbcDataReader
Oracle 数据提供程序 System.Data.OracleClient 命名空间	OracleDataReader

用 DataReader 读取数据时，不能够对它们进行修改，所以它是只读的。而且在读取数据的时候，要始终保持与数据库的连接。DataReader 对象的主要属性和方法见表 6-17。

表 6-17 DataReader 对象的主要属性和方法

属性	说明
HasRows	是否返回了结果，如果有查询结果返回 True，否则返回 False
FieldCount	当前行中的列数
方法	说明
Read	进行到下一行记录，如果读到记录返回 True，否则返回 False
Close	关闭 DataReader 对象

6.6.2 查询数据库中数据

如何创建一个 DataReader 对象呢？它比较特殊，需要调用 Command 对象的 ExecuteReader()方法，ExecuteReader()方法的返回值就是一个 DataReader 对象。然后可以调用 DataReader 对象的 Read()方法来读取一行记录。

使用 DataReader 的步骤如下：（假设已有数据库的连接）
（1）创建 Command 对象。
（2）调用 Command 对象的 ExecuteReader()方法创建 DataReader 对象。
假设已经有一个 Command 对象名为 com，就可以这样创建一个 DataReader 对象：

```
SqlDataReader sdr = com.ExecuteReader();
```

（3）使用 DataReader 的 Read()方法逐行读取数据。

这个方法返回一个布尔值，如果能读到一行记录，就返回 True，否则返回 False。

```
sdr.Read()
```

（4）读取当前行的某列的数据。

我们可以像使用数组一样，用方括号来读取某列的值，如(type)sdr[]，方括号中可以像数组一样使用列的索引，从 0 开始，也可以使用列名。取出的列值要进行类型转换，如：

```
string ename=(string)sdr["ename"];
```

（5）关闭 DataReader 对象，调用它的 Close()方法。

就像平时打电话一样，如果我们正在通话，其他电话再打进来就会听到占线的提示，只有当通话结束后，其他的电话才能打进来。我们使用 DataReader 读取数据的时候会占用数据连接，必须调用它的 Close ()方法关闭 DataReader,才能够用数据库连接（Connection）进行其他操作。

```
sdr.Close();
```

以下是使用 DataReader 读取 emp 表数据，然后显示出来的示例。

第一步：添加一个窗体，在窗体中添加 4 个 Label、4 个 TextBox，其控件及属性设置如表 6-18 所示。

表 6-18 控件及属性设置

控件类型	控件属性	控件属性值
Form	Name	FrmDataReaderTest
	Text	DataReader 示例
Label	Name	lblEmpNo
	Text	员工编号
Label	Name	lblDeptNo
	Text	部门编号
Label	Name	lblEname
	Text	姓名
Label	Name	lblSalary
	Text	薪水
TextBox	Name	txtEmpNo
	ReadOnly	False
TextBox	Name	txtDeptNo
	ReadOnly	True
TextBox	Name	txtEname
	ReadOnly	True
TextBox	Name	txtSalary
	ReadOnly	True

第二步：控件 txtEmpNo 的 TextChanged 事件要实现根据员工编号显示员工其他信息的

功能。代码请参考示例代码 6-3 中的 txtEmpNo_TextChanged 事件。(数据库仍然使用 6.5.3 节的 dept_emp 数据库)

该示例完整的代码如下所示:

> **示例代码 6-3:** XT_DataReader 项目中的 FrmDataReaderTest.cs 中的完整代码
>
> ```csharp
> using System;
> using System.Collections.Generic;
> using System.ComponentModel;
> using System.Data;
> using System.Drawing;
> using System.Linq;
> using System.Text;
> using System.Windows.Forms;
> using System.Data.SqlClient;
> namespace XT_DataReader
> {
>     public partial class FrmDataReaderTest : Form
>     {
>         public FrmDataReaderTest()
>         {
>             InitializeComponent();
>         }
>         private void txtEmpNo_TextChanged(object sender, EventArgs e)
>         {
>             string empno=txtEmpNo.Text ;
>             String strsql = "select deptno,ename,salary from emp where empno='" + empno + "'";
>             SqlConnection con = new SqlConnection("data source=.;initial catalog=dept_emp;user id=sa");
>             SqlCommand com = new SqlCommand(strsql ,con );
>             con.Open();
>             SqlDataReader sdr = com.ExecuteReader();
>             if (sdr.Read()) //调用 DataReader 的 Read()方法读取下一行数据
>             {
>                 string deptno = sdr[0].ToString(); //通过索引获取当前行的字段,sdr[1]代表获取第一列数据
>                 string ename = sdr[1].ToString();
>                 string salary = sdr[2].ToString();
>                 txtDeptNo.Text = deptno;
> ```

```
            txtEname.Text = ename;
            txtSalary.Text = salary;
        }
        else
        {
          txtDeptNo.Clear();
          txtEname.Clear();
          txtSalary.Clear();
        }
        sdr.Close();
        con.Close();
      }
    }
}
```

程序运行结果如图 6-12 所示。

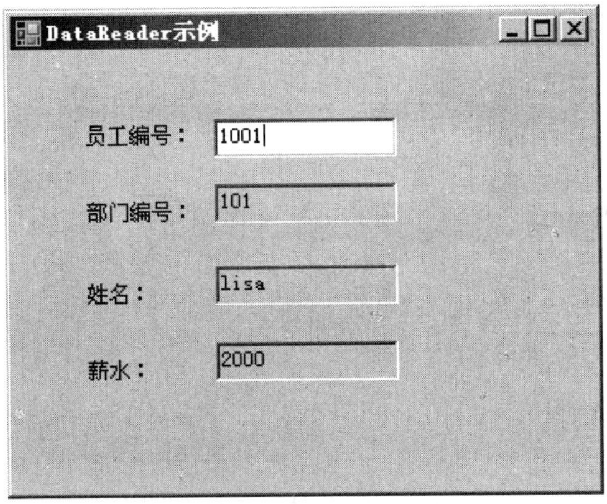

图 6-12 程序运行结果

6.7 趣谈 ADO.NET 对象模型

现在我们已经对 Connection 对象、Command 对象、DataReader 对象和 DataAdapter 对象以及 DataSet 对象都有了一定的认识和了解，但他们之间到底存在着什么样的关系呢，为了更好地理解 ADO.NET 的架构模型的各个组成部分，我们可以对 ADO.NET 中的相关对象进行图示理解，如图 6-13 所示的是 ADO.NET 中数据库对象的关系图。

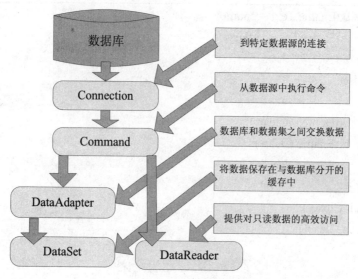

图 6-13 ADO.NET 中数据库对象关系图

我们可以用趣味形象化的方式理解 ADO.NET 对象模型的各个部分，如图 6-14 所示，可以看出这些对象所处的地位和对象间的逻辑关系。对比 ADO.NET 的数据库对象的关系图，我们可以用对比的方法来形象地理解每个对象的作用，如图 6-14 所示。

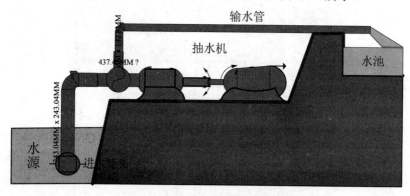

图 6-14 ADO.NET 趣味理解图

● 数据库好比水源，存储了大量的数据。

● Connection 好比伸入水中的进水笼头，保持与水的接触，只有它与水进行了"连接"，其他对象才可以抽到水。

● Command 则像抽水机，为抽水提供动力和执行方法，通过"水龙头"，然后把水返给上面的"水管"。

● DataAdapter、DataReader 就像输水管，担任着水的传输任务，并起着桥梁的作用。DataAdapter 像一根输水管，通过发动机，把水从水源输送到水库里进行保存。DataReader 也是一种水管，和 DataAdapter 不同的是，DataReader 不把水输送到水库里面，而是单向地直接把水送到需要水的用户那里或田地里，所以要比在水库中转一下更快更高效。

● DataSet 则是一个大水库，把抽上来的水按一定关系的池子进行存放。即使撤掉"抽水装置"（断开连接，离线状态），也可以保持"水"的存在。这也正是 ADO.NET 的核心。

- DataTable 则像水库中的每个独立的水池子，分别存放不同种类的水。一个大水库由一个或多个这样的水池子组成。

6.8 小结

✓ .NET 数据提供程序包括 4 个核心对象：Connection、Command、DataAdapter、DataReader。

✓ Connection 对象用于建立应用程序和数据库之间的连接，需要定义连接字符串，必须显式关闭数据库连接。

✓ Command 对象允许向数据库传递请求，检索和操作数据库中的数据。

✓ 数据集 DataSet 可以在断开数据库的情况下操作数据，对数据进行批量操作，它的结构与 SQL Server 数据库类似。

✓ 使用 DataAdapter 的 Fill()方法填充 DataSet。

✓ 使用 DataGridView 以表格的形式显示数据。

✓ 使用 DataReader 查询数据记录，通过 Command 对象的 ExecuteReader()方法返回一个 DataReader 对象。

✓ 使用 DataReader 读取数据时，每次调用 Read ()方法读取一行记录。DataReader 使用完后要用 Close() 方法关闭。

6.9 英语角

Connection	连接
Command	命令
DataSet	数据集
DataAdapter	数据适配器
Execute	执行

6.10 作业

1. 现在我们想连接到你本机的 SQL Server 中的 dept_emp 数据库，请写出连接字符串。
2. 使用 DataGridView 以表格的形式显示数据。

要求：如表 6-19 所述 dept 数据表的结构，实现加载窗体后就能看到 dept 表的所有信息。

3. 同学们自己设计页面和功能，使用 DataReader 对象读取表 6-19 数据，并将读取到的数据显示到 TextBox 控件上。

表 6-19 dept 表结构

字段名	字段类型	约束
deptno	varchar(10)	primary key
deptname	varchar(20)	not null unique
deptloc	varchar(50)	

6.11 思考题

说说你学到了哪些 ADO.NET 的知识。

第 7 章 ADO.NET 简单应用（2）

学习目标

◆ 掌握异常的简单应用。
◆ 掌握向数据库插入数据。
◆ 掌握向数据库删除数据。
◆ 掌握向数据库修改数据。

在上一章，介绍了 ADO.NET 的一些常用对象，以及对数据库如何进行数据的查询，而这一章主要介绍对操作时发生异常的处理，以及对数据库数据的插入、删除、修改。

7.1 异常处理

我们上网的时候，有时网络会不通，有时网站无法访问，我们操作数据库也不总是一帆风顺的。可能数据库服务器没有开启，我们就无法连接到数据库，也可能与数据库的连接突然中断，就不能够访问数据，这时应用程序就会出现意外错误，在程序开发中，我们把这叫做出现了异常。

我们的程序难免会发生错误，有的错误是在编译的时候产生的，这就是编译错误，有的错误是在程序运行的过程中出现的，这种错误就是异常。有些异常我们可能无法避免，但是能够预知，比如我们的程序正要读取数据库，网络突然断了，我们的程序无法控制网络是否畅通，但我们可以预测到会有这种情况出现。为了让应用程序能够很好地工作，我们要对那些可能发生的错误进行编码处理，这就是异常处理。

7.1.1 异常的语法格式

那么我们如何编码处理异常呢？.NET 提供了 try...catch 语句块来捕获和处理异常。
语法格式如下：
```
try
{
    //包含可能出现异常的代码
}
catch(处理的异常类型)
```

{

  //处理异常的代码

}

  我们把可能出现异常的代码用 try 块括起来，如果在运行的过程当中出现了异常，程序就会跳转到 catch 块当中，这个过程叫做捕获了异常。如果不出现异常，try 块中的语句就会正常执行，catch 块中的语句就不会执行。

  异常也有很多种类型，现在我们将异常的类型都写成 Exception，它是.NET 提供的一个异常类，表示应用程序在运行时出现的错误。

  我们可以把操作数据库的代码放在 try 块里面。但是，因为数据库连接必须显示关闭，那么如果在数据库连接关闭之前就出现了异常，程序就会跳转到 catch 块当中，try 块当中的数据库连接关闭方法就不会执行，这时应该怎么办呢？这个问题.NET 早就为我们想到了，它给我们提供了一个 finally 块，无论是否发生异常，写在 finally 块中的语句都会执行。这样我们就可以把关闭数据库连接的语句写在 finally 块中。

```
try
{
    conn.Open();//打开连接
    //其他操作
}
catch(Exception e)
{
    //异常处理代码
}
finally
{
    conn.Close();//关闭连接
}
```

这样就确保了无论是否发生异常，数据库连接都会关闭。

7.1.2 示例

  下面是一个关于测试连接数据库时异常的示例：

  第一步，我们建一个数据库，名为 PersonInfo，在数据库中建一个表，名为 Pinfo，表中的字段名、字段类型和约束如表 7-1。

表 7-1 Pinfo 表结构

字段名	字段类型	约束
pid	int	primary key identity(1000,1)
pname	varchar(20)	not null
pwd	char(6)	not null

向表中添加表 7-2 中的信息。

表 7-2 Pinfo 表中数据

pid	pname	pwd
1000	lisa	123456
1001	peter	456789
1002	coco	666666
1003	jack	888888

第二步，创建一个名为 FrmTryTest 的窗体，如图 7-1 所示。

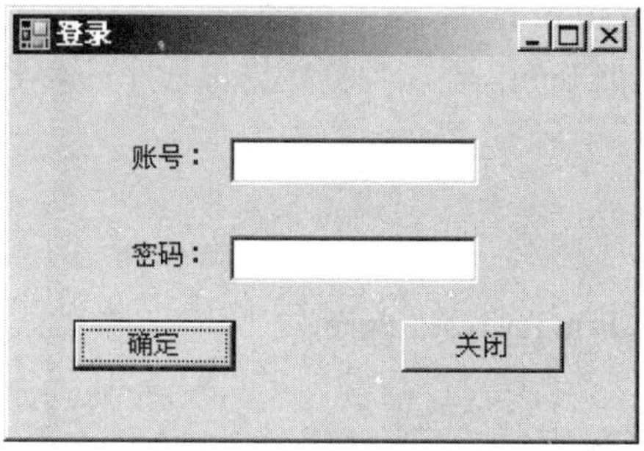

图 7-1 FrmTryTest 窗体

其中窗体和控件的属性按表 7-3 设置。

表 7-3 窗体和控件属性设置

控件类型	控件属性	控件属性值
Form	Name	FrmTryTest
	Text	登录
Label	Name	lblPid
	Text	账号：
Label	Name	lblPwd
	Text	密码：
TextBox	Name	txtPid
TextBox	Name	txtPwd
	PasswordChar	*
	MaxLength	6
Button	Name	btnOK
	Text	确定
Button	Name	btnClose
	Text	关闭

第三步，点击"关闭"按钮，在单击事件中添加一行结束整个程序的代码：Application.Exit();点击"确定"按钮，在 Click 事件中添加连接数据库的代码，并加入处理异常的代码，完整代码参照示例代码 7-1。

示例代码 7-1：XT_Try 项目中的 FrmTryTest.cs 中的完整代码

```csharp
using System;
using System.Collections.Generic;
using System.ComponentModel;
using System.Data;
using System.Drawing;
using System.Linq;
using System.Text;
using System.Windows.Forms;
using System.Data.SqlClient;//添加数据库提供程序的命名空间

namespace XT_Try
{
    public partial class FrmTryTest : Form
    {
        public FrmTryTest()
        {
            InitializeComponent();
        }

        private void btnOK_Click(object sender, EventArgs e)
        {
            if (txtPid.Text == "" || txtPwd.Text == "")
            {
                MessageBox.Show("请输入完整信息", "温馨提示");
            }
            else
            {
                string sqlstr = "select pwd from Pinfo where pid=" + txtPid.Text;
                SqlConnection con = new SqlConnection("data source=.;initial catalog=PersonInfo;user id=sa");
                SqlCommand com = new SqlCommand(sqlstr, con);
                try
                {//可能发生异常的代码
                    con.Open();
                    SqlDataReader sdr = com.ExecuteReader();
                    if (sdr.Read())
                    {
                        string spwd = sdr[0].ToString();
```

```csharp
            if (spwd == txtPwd.Text)
            {
                MessageBox.Show("可以登录", "温馨提示");
            }
            else
            {
                MessageBox.Show("您的密码不正确，请重新输入", "温馨提示");
                txtPwd.Clear();
                txtPwd.Focus();
            }
        }
        else
        {
            MessageBox.Show("您的账号不存在，请重新输入", "温馨提示",
                MessageBoxButtons.OK, MessageBoxIcon.Information);
            txtPid.Clear();
            txtPwd.Clear();
            txtPid.Focus();
        }
    }
    catch (Exception ex) //捕获异常的代码
    {//当数据库连接不上时，提示信息
        MessageBox.Show("数据库无法连接", "温馨提示");
    }
    finally
    {//最后一定执行的关闭数据库的代码
        con.Close();
    }
}

private void btnClose_Click(object sender, EventArgs e)
{
    Application.Exit();
}
```

　　在 SQL Server 2008 的数据库管理器中将数据库服务打开，运行程序，然后将数据库服务停止，再来运行程序，当程序试图打开数据库连接时，就会出现异常提示信息，请实际运行看看。

其实，除了手动添加 try...catch...finally 块之外，我们还可以使用 Visual Studio 的"外侧代码"功能来添加 try 块。方法很简单，在 VS 的代码编辑器中，选中可能会出现异常的代码，单击鼠标右键，选择"外侧代码"，在出现的外侧代码选择器中，找到 try，双击"try"，在代码中就自动添加了 try...catch 块，而且我们选择的代码就已经被包在 try 块中了，只要自己再输入一个 finally 块，然后适当调整代码的位置就行了。

当我们已经写好了很长的一段代码，想修改一下把它放在一个语句块中时，添加外侧代码的功能非常好用。或者如果你忘记了一个代码块的格式，也可以使用这个功能来添加一个外侧代码。（动手试试吧）

7.2 对数据库数据的添加操作

我们知道在数据库中插入一条记录的 SQL 语句格式为：insert into 表名(字段 1,字段 2, …) values (值 1,值 2, …)，那么怎样通过 ADO.NET 向数据库中插入记录呢？

7.2.1 步骤

第一步，加入 SQL Server.NET 数据库提供程序的命名空间，用 using 关键字
using System.Data.SqlClient;
第二步，定义一个表示 SQL 语句的变量，用来插入一条记录
string insertstr=insert into 表名(字段 1,字段 2…) values (值 1,值 2…);
第三步，定义连接数据库的字符串，创建 Connection 对象
SqlConnection conn=new SqlConnection(连接数据库的字符串);
第四步，创建 Command 对象
SqlCommand comm=new SqlCommand(insertstr,conn);
第五步，打开连接
conn.Open();
第六步，执行 Command 对象的 ExecuteNonQuery()方法
comm.ExecuteNonQuery();
第七步，关闭连接
conn.Close();

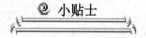

因为对数据库的增加、删除、修改操作是对数据的变更，不可还原，所以应该在修改前有一个验证消息提示"是否进行该操作？"，请用户确认。

7.2.2 示例

下面是一个示例,我们还是用 PersonInfo 这个数据库,首先,我们建一个名为 FrmInsertTest 的窗体,如图 7-2 所示。

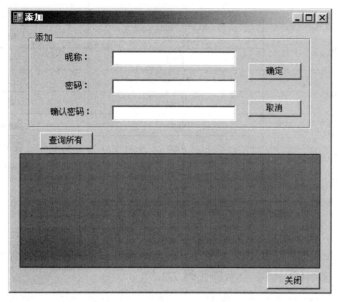

图 7-2 FrmInsertTest 窗体

其中窗体和控件的属性按表 7-4 设置。

表 7-4 FrmInsertTest 窗体及控件属性设置

控件类型	控件属性	控件属性值
Form	Name	FrmInsertTest
	Text	添加
GroupBox	Name	gpbInsert
	Text	添加
DataGridView	Name	dgvSelect
Label	Name	lblInsertName
	Text	昵称:
Label	Name	lblInsertPwd
	Text	密码:
Label	Name	lblAgainPwd
	Text	确认密码:
TextBox	Name	txtInsertName
TextBox	Name	txtInsertPwd
	PasswordChar	*
	MaxLength	6

续表

控件类型	控件属性	控件属性值
TextBox	Name	txtAgainPwd
	PasswordChar	*
	MaxLength	6
Button	Name	btnOk
	Text	确定
Button	Name	btnCancel
	Text	取消
Button	Name	btnSelect
	Text	查询所有
Button	Name	btnClose
	Text	关闭

添加代码实现下面功能，点击"确定"，可以向数据库中添加一条记录，点击"查询所有"，在 DataGridView 控件中可以显示数据库中的所有信息以便查看刚刚前台的数据是否向数据库插入成功，详细代码请参照示例代码 7-2。

示例代码 7-2：XT_Insert 项目中的 FrmInsertTest.cs 中的完整代码

```csharp
using System;
using System.Collections.Generic;
using System.ComponentModel;
using System.Data;
using System.Drawing;
using System.Linq;
using System.Text;
using System.Windows.Forms;
using System.Data.SqlClient;//添加数据库提供程序的命名空间

namespace XT_Insert
{
    public partial class FrmInsertTest : Form
    {
        public FrmInsertTest()
        {
            InitializeComponent();
        }

        private void btnOk_Click(object sender, EventArgs e)//点击"确定"按钮
```

```csharp
            {
                if (txtInsertName.Text == "" || txtInsertPwd.Text == "" || txtAgainPwd.Text == "")
                {
                    MessageBox.Show("请填入完整信息", "温馨提示");
                }
                else
                {
                    if (txtAgainPwd.Text != txtInsertPwd.Text)//输入两次密码不相同
                    {
                        MessageBox.Show("两次密码不一致，请重新输入", "温馨提示");
                        txtInsertPwd.Clear();
                        txtAgainPwd.Clear();
                        txtInsertPwd.Focus();
                    }
                    else
                    {
                        if (MessageBox.Show("是否要添加？", "温馨提示", MessageBoxButtons.OKCancel) == DialogResult.OK)
                        {
                            string insertstr = "insert into pinfo(pname,pwd)values('" + txtInsertName.Text + "','" + txtAgainPwd.Text + "')";//insert 语句
                            SqlConnection conn = new SqlConnection("data source=.;initial catalog=PersonInfo;user id=sa");
                            SqlCommand comm = new SqlCommand(insertstr, conn);
                            conn.Open();
                            comm.ExecuteNonQuery();//执行 insert 语句
                            string selectstr = "select max(pid) from pinfo";//查询新添加的账号
                            string strpid = "";//strpid 表示新添加的账号
                            comm = new SqlCommand(selectstr, conn);
                            SqlDataReader sdr = comm.ExecuteReader();
                            if (sdr.Read())
                            {
                                strpid = "，请记住您的账号为" + sdr[0].ToString();
                            }
                            conn.Close();
                            MessageBox.Show("添加成功" + strpid, "温馨提示");
                            txtInsertName.Clear();
                            txtInsertPwd.Clear();
```

```csharp
                txtAgainPwd.Clear();
            }
        }
    }
}

        private void btnSelect_Click(object sender, EventArgs e)//点击"查询所有"按钮
        {
            string sql = "select pid 账号,pname 昵称,pwd 密码 from pinfo";
            SqlConnection conn = new SqlConnection("data source=.;initial catalog=PersonInfo;user id=sa");
            SqlDataAdapter sda = new SqlDataAdapter(sql, conn);//创建数据适配器
            DataSet ds = new DataSet();//创建数据集
            conn.Open();//打开连接
            sda.Fill(ds, "pinfo");//将数据表填充到数据集
            conn.Close();//关闭连接
            //显示数据
            dgvSelect.DataSource = ds;
            dgvSelect.DataMember = "pinfo";
        }

        private void btnClose_Click(object sender, EventArgs e)//点击"关闭"按钮,退出整个程序
        {
            Application.Exit();
        }

        private void btnCancel_Click(object sender, EventArgs e)//点击"取消"按钮
        {
            txtInsertName.Clear();
            txtInsertPwd.Clear();
            txtAgainPwd.Clear();
        }
    }
}
```

7.3 对数据库数据的删除操作

我们知道从数据库中删除一条记录的 SQL 语句格式为：delete from 表名 where 条件，那么怎样通过 ADO.NET 从数据库中删除数据呢？

7.3.1 步骤

第一步，加入 SQL Server.NET 数据库提供程序的命名空间,用 using 关键字
using System.Data.SqlClient;
第二步，定义一个记录 SQL 语句的变量，用来删除一条记录
string deletestr=delete from 表名 where 条件;
第三步，定义连接数据库的字符串，创建 Connection 对象
SqlConnection conn=new SqlConnection(连接数据库的字符串);
第四步，创建 Command 对象
SqlCommand comm=new SqlCommand(deletestr,conn);
第五步，打开连接
conn.Open();
第六步，执行 Command 对象的 ExecuteNonQuery()方法
comm.ExecuteNonQuery();
第七步，关闭连接
conn.Close();

7.3.2 示例

下面是一个示例，我们还是用 PersonInfo 这个数据库。首先，我们建一个窗体名为 FrmDeleteTest 如图 7-3 所示。

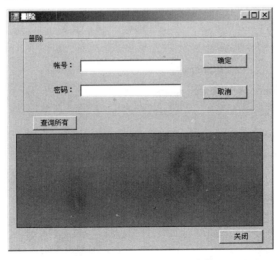

图 7-3　FrmDeleteTest 窗体

其中窗体和控件的属性按表 7-5 设置。

表 7-5　FrmDeleteTest 窗体及控件属性设置

控件类型	控件属性	控件属性值
Form	Name	FrmDeleteTest
	Text	删除
GroupBox	Name	gpbDelete
	Text	删除
DataGridView	Name	dgvSelect
Label	Name	lblDeletePid
	Text	账号：
Label	Name	lblDeletePwd
	Text	密码：
TextBox	Name	txtDeletePid
TextBox	Name	txtDeletePwd
	PasswordChar	*
	MaxLength	6
Button	Name	btnOk
	Text	确定
Button	Name	btnCancel
	Text	取消
Button	Name	btnSelect
	Text	查询所有
Button	Name	btnClose
	Text	关闭

添加代码实现下面功能，点击"确定"，可以删除数据库中的一条记录，点击"查询所有"，在 DataGridView 控件中可以显示数据库中的所有信息以便查看是否真正删除成功。详细代码请参照示例代码 7-3。

示例代码 7-3：XT_Delete 项目中的 FrmDeleteTest.cs 中的完整代码

```
using System;
using System.Collections.Generic;
using System.ComponentModel;
using System.Data;
using System.Drawing;
using System.Linq;
using System.Text;
using System.Windows.Forms;
using System.Data.SqlClient;//添加数据库提供程序的命名空间

namespace XT_Delete
```

```csharp
    {
        public partial class FrmDeleteTest : Form
        {
            public FrmDeleteTest()
            {
                InitializeComponent();
            }

            private void btnOk_Click(object sender, EventArgs e)//点击"确定"按钮
            {
                if (txtDeletePid.Text == "" || txtDeletePwd.Text == "")
                {
                    MessageBox.Show("请输入完整信息", "温馨提示");
                }
                else
                {
                    string sqlstr = "select pwd from Pinfo where pid=" + txtDeletePid.Text;
                    SqlConnection conn = new SqlConnection("data source=.;initial catalog=PersonInfo;user id=sa");
                    SqlCommand comm = new SqlCommand(sqlstr, conn);
                    conn.Open();
                    SqlDataReader sdr = comm.ExecuteReader();
                    if (sdr.Read())//当数据库中有该账号
                    {
                        string spwd = sdr[0].ToString();//读取密码
                        sdr.close();
                        if (spwd == txtDeletePwd.Text)//若密码一致，就可以删除，否则，不能进行删除
                        {
                            if (MessageBox.Show("是否要删除？", "温馨提示",
                                MessageBoxButtons.OKCancel) == DialogResult.OK)
                            {
                                string deletestr = "delete from pinfo where pid='" + txtDeletePid.Text + "'";//Delete 语句
                                comm = new SqlCommand(deletestr, conn);
                                comm.ExecuteNonQuery();//执行 delete 语句
                                conn.Close();
                                MessageBox.Show("删除成功", "温馨提示");
                                txtDeletePid.Clear();
```

```
                    txtDeletePwd.Clear();
                }
                else
                {
                    conn.Close();
                }
            }
            else
            {
                MessageBox.Show("因您的密码不正确，无法删除，请重新输入","温馨提示");
                txtDeletePid.Clear();
                txtDeletePwd.Clear();
                txtDeletePid.Focus(); //让 ID 框获取焦点
            }
        }
        else
        {
            MessageBox.Show("您要删除的账号不存在","温馨提示");
            txtDeletePid.Clear();
            txtDeletePwd.Clear();
            conn.Close();
        }
    }
}

private void btnSelect_Click(object sender, EventArgs e)//点击"查询所有"按钮
{
    string sql = "select pid 账号,pname 昵称,pwd 密码 from pinfo";
    SqlConnection conn = new SqlConnection("data source=.;initial catalog=PersonInfo;user id=sa");
    SqlDataAdapter sda = new SqlDataAdapter(sql, conn);//创建数据适配器
    DataSet ds = new DataSet();//创建数据集
    conn.Open();//打开连接
    sda.Fill(ds, "pinfo");//将数据表填充到数据集
    conn.Close();//关闭连接
    //显示数据
    dgvSelect.DataSource = ds;
```

```
            dgvSelect.DataMember = "pinfo";
        }

        private void btnClose_Click(object sender, EventArgs e)//点击"关闭"按钮，退出
整个程序
        {
            Application.Exit();
        }

        private void btnCancel_Click(object sender, EventArgs e)//点击"取消"按钮
        {
            txtDeletePid.Clear();
            txtDeletePwd.Clear();
        }
    }
}
```

7.4 对数据库数据的修改操作

我们知道在数据库中修改一条记录的 SQL 语句格式为：update 表名 set 列名=值 where 条件，那么怎样通过 ADO.NET 修改数据库中的记录呢？

7.4.1 步骤

第一步，加入 SQL Server.NET 数据库提供程序的命名空间,用 using 关键字
using System.Data.SqlClient;
第二步，定义一个表示 SQL 语句的变量，用来修改一条记录
string updatestr=update 表名 set 列名 1=值 1,列名 2=值 2,... where 条件 1 and 条件 2 ...;
第三步，定义连接数据库的字符串，创建 Connection 对象
SqlConnection conn=new SqlConnection(连接数据库的字符串);
第四步，创建 Command 对象
SqlCommand comm=new SqlCommand(SQL 修改语句,conn);
第五步，打开连接
conn.Open();
第六步，执行 Command 对象的 ExecuteNonQuery()方法
comm.ExecuteNonQuery();
第七步，关闭连接
conn.Close();

7.4.2 示例

下面是一个示例，我们还是用 PersonInfo 这个数据库。首先，我们建一个窗体名为 FrmUpdateTest 如图 7-4 所示。

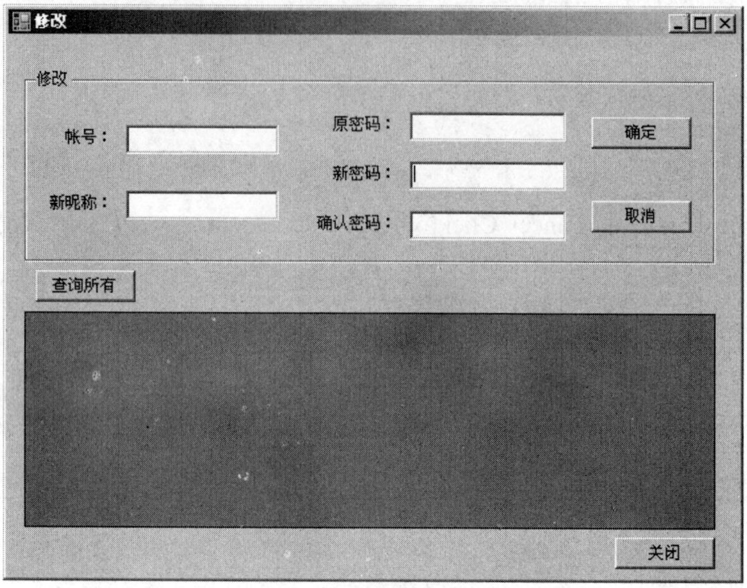

图 7-4 FrmUpdateTest 窗体

其中窗体和控件的属性按表 7-6 设置。

表 7-6 FrmUpdateTest 窗体及控件属性设置

控件类型	控件属性	控件属性值
Form	Name	FrmUpdateTest
	Text	修改
GroupBox	Name	gpbUpdate
	Text	修改
DataGridView	Name	dgvSelect
Label	Name	lblUpdatePid
	Text	账号：
Label	Name	lblNewName
	Text	新昵称：
Label	Name	lblOldPwd
	Text	原密码：
Label	Name	lblNewPwd
	Text	新密码：
Label	Name	lblUpdateAgainPwd
	Text	确认密码：

续表

控件类型	控件属性	控件属性值
TextBox	Name	txtUpdatePid
TextBox	Name	txtNewName
TextBox	Name	txtOldPwd
	PasswordChar	*
	MaxLength	6
TextBox	Name	txtNewPwd
	PasswordChar	*
	MaxLength	6
TextBox	Name	txtUpdateAgainPwd
	PasswordChar	*
	MaxLength	6
Button	Name	btnOk
	Text	确定
Button	Name	btnCancel
	Text	取消
Button	Name	btnSelect
	Text	查询所有
Button	Name	btnClose
	Text	关闭

添加代码实现下面功能，点击"确定"，在数据库中可以修改一条记录，点击"查询所有"，在 DataGridView 控件中可以显示数据库中的所有信息以便查看数据库中数据是否修改成功。详细代码请参照示例代码 7-4。

示例代码 7-4：XT_Update 项目中的 FrmUpdateTest.cs 中的完整代码

```csharp
using System;
using System.Collections.Generic;
using System.ComponentModel;
using System.Data;
using System.Drawing;
using System.Linq;
using System.Text;
using System.Windows.Forms;
using System.Data.SqlClient;//添加数据库提供程序的命名空间

namespace XT_Update
{
```

```csharp
public partial class FrmUpdateTest : Form
{
    public FrmUpdateTest()
    {
        InitializeComponent();
    }

    private void btnOk_Click(object sender, EventArgs e)//点击"确定"按钮
    {
        if (txtUpdatePid.Text == "" || txtOldPwd.Text == ""||txtNewName.Text=="" ||txtNewPwd.Text=="" ||txtUpdateAgainPwd.Text=="")
        {
            MessageBox.Show("请输入完整", "温馨提示");
        }
        else
        {
            string sqlstr = "select pwd from Pinfo where pid='" + txtUpdatePid.Text+"'";
            SqlConnection conn = new SqlConnection("data source=.;initial catalog=PersonInfo;user id=sa");
            SqlCommand comm = new SqlCommand(sqlstr, conn);
            conn.Open();
            SqlDataReader sdr = comm.ExecuteReader();
            if (sdr.Read())//当数据库中有输入的账号
            {
                string spwd = sdr[0].ToString();//读取密码
                conn.Close();
                if (spwd == txtOldPwd.Text)
                {//若输入密码与原密码一致,就可以更改密码和昵称,否则,不可以进行更改
                    if (txtNewPwd.Text != txtUpdateAgainPwd.Text)//当两次新密码不相符时,提示消息
                    {
                        MessageBox.Show("两次密码不一致,请重新输入", "温馨提示");
                        txtUpdateAgainPwd.Clear();
                        txtNewPwd.Clear();
                        txtNewPwd.Focus();
                    }
                    else
                    {
```

```csharp
            if (MessageBox.Show("是否要更改？", "温馨提示", MessageBoxButtons.OKCancel) ==
            DialogResult.OK)
                        {//Update 语句
                            string updatestr = "update pinfo set pname='" + txtNewName.Text + "',pwd='" + txtNewPwd.Text + "'where pid='" + txtUpdatePid.Text + "'";
                            conn.Open();
                            comm = new SqlCommand(updatestr, conn);
                            comm.ExecuteNonQuery();//执行 update 语句
                            conn.Close();
                            MessageBox.Show("修改成功", "温馨提示");
                            txtUpdatePid.Clear();
                            txtNewName.Clear();
                            txtOldPwd.Clear();
                            txtUpdateAgainPwd.Clear();
                            txtNewPwd.Clear();
                        }
                    }
                }
                else
                {
                    MessageBox.Show("因您的密码不正确，无法删除，请重新输入", "温馨提示");
                    txtOldPwd.Clear();
                    txtUpdateAgainPwd.Clear();
                    txtNewPwd.Clear();
                    txtOldPwd.Focus();
                }
            }
            else
            {
                MessageBox.Show("您要删除的账号不存在", "温馨提示");
                txtUpdatePid.Clear();
                txtNewName.Clear();
                txtOldPwd.Clear();
                txtUpdateAgainPwd.Clear();
                txtNewPwd.Clear();
                conn.Close();
            }
```

```csharp
            }
        }

        private void btnSelect_Click(object sender, EventArgs e)//点击"查询所有"按钮
        {
            string sql = "select pid 账号,pname 昵称,pwd 密码 from pinfo";
            SqlConnection conn = new SqlConnection("data source=.;initial catalog=PersonInfo;user id=sa");
            SqlDataAdapter sda = new SqlDataAdapter(sql, conn);//创建数据适配器
            DataSet ds = new DataSet();//创建数据集
            conn.Open();//打开连接
            sda.Fill(ds, "pinfo");//将数据表填充到数据集
            conn.Close();//关闭连接
            //显示数据
            dgvSelect.DataSource = ds;
            dgvSelect.DataMember = "pinfo";
        }

        private void btnClose_Click(object sender, EventArgs e)//点击"关闭"按钮,退出整个程序
        {
            Application.Exit();
        }

        private void btnCancel_Click(object sender, EventArgs e)//点击"取消"按钮
        {
            txtUpdatePid.Clear();
            txtNewName.Clear();
            txtOldPwd.Clear();
            txtUpdateAgainPwd.Clear();
            txtNewPwd.Clear();
        }
    }
}
```

7.5 数据库增删改操作小结

从 7.2、7.3、7.4 节我们可以看到对数据库进行的增删改操作都需要使用 Command 对象的 ExecuteNonQuery()方法。只是执行的 SQL 语句不同，其他的操作步骤都一样。如图 7-5 所示。

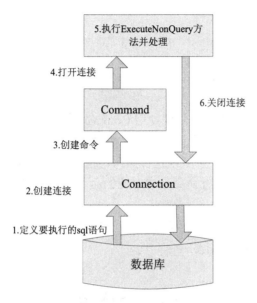

图 7-5　数据库对数据操作流程示意图

使用 Command 对象的 ExecuteNonQuery()方法步骤如下：
（1）创建 Connection 对象。
（2）定义要执行的 SQL 语句。
（3）创建 Command 对象。
（4）打开连接。
（5）执行 ExecuteNonQuery()方法。
（6）关闭连接。

ExecuteNonQuery()方法可以用于执行指定的 SQL 语句，如 UPDATE、INSERT、DELETE，它返回的是受 SQL 语句影响的行数。根据返回的结果进行后续的处理。（我们可以通过它的返回结果知道执行的情况，如果返回值小于或等于 0，说明没有记录受影响。）

7.6　小结

✓ .NET 提供了 try...catch 语句块来捕获和处理异常。
语法

```
try
{
    //包含可能出现异常的代码
}
catch(Exception e)//处理的异常类型
{
    //处理异常的代码
}
finally
{
    //有无异常，都会执行的代码
}
```

✓ 对数据库进行增删改操作就需要使用 Command 对象的 ExecuteNonQuery()方法。

✓ 主要有三个过程：首先，建立针对具体数据库的 Connection 对象，利用 Connection 对象的 Open()方法打开数据库；然后，包含插入、删除、修改命令信息的 Command 对象可以利用 ExecuteNonQuery 方法执行命令信息对应的命令；最后，利用 Connection 对象的 Close() 方法关闭数据库。

✓ ExecuteNonQuery()方法用于执行指定的 SQL 语句，如 UPDATE、INSERT、DELETE，它返回的是受 SQL 语句影响的行数。

7.7 英语角

Exception	除外，例外
Try	试验，尝试
Catch	捕获，抓住
Finally	最后，决定性地
Execute	执行，实行
Query	询问
Update	更新
Set	规定，调整
Insert	插入，嵌入
Delete	删除
Data	资料，数据
Client	客户，委托人，客户机程序
Adapter	适配器，改编者

7.8 作业

请同学们自定义界面，要求利用数据库 PersonInfo，新建一个项目，实现对表 Pinfo 的增删改操作。

7.9 思考题

1. 异常和错误有什么不同？
2. 操作数据库（增删查改）除了 SQL 语句不同，还有什么不同？

上机部分

第1章 Windows 开发基础知识

本阶段目标

完成本章内容后，你将能够：
- ◇ 了解 Visual Studio 2012 集成开发环境。
- ◇ 掌握 Windows 应用程序项目的建立和设置。

Windows 应用程序就是 WinForm（Windows 窗体）应用程序。Windows 应用程序操作简单、使用灵活。在 Windows 操作系统中，到处可见的是窗体，而不是像在 DOS 窗口中一行一行的代码。例如系统中的计算器、游戏、视频软件等都是一些图形操作界面，这些界面都有相似的特点，例如可以缩小、放大、关闭等操作。并且，在这些操作界面上的元素会经常重复出现，例如文本框、下拉菜单、单选框、按钮等。像这样的操作界面，在 Windows 应用程序中称为窗体，而窗体中的按钮等元素，我们称为控件。

本章给出的步骤全面详细，请学员按照给出的上机步骤独立完成上机练习，以达到要求的学习目标。请认真完成下列步骤。

1.1 指导（60 分钟）

1.1.1 建立第一个 Windows 应用程序

现在我们就来创建一个 Windows 应用程序来展示 Windows 应用程序的优点。
1. 打开 Visual Studio 2012 编译器，效果如图 1-1 所示。
2. 打开集成开发环境之后，打开菜单栏"文件"选项中"新建"，选择"项目"。
3. 项目类型选择"Visual C#"。
4. 然后模板选择建立一个"Windows 窗体应用程序"项目，效果如图 1-2 所示。
5. 在模板中选择相应的 C# Windows 应用程序后点击确定，这样我们就建立了一个 WinForm 应用程序项目，此时 Visual Studio 2012 集成开发环境已经帮我们生成了框架代码。效果如图 1-3 所示。
6. 现在我们直接按 F5 运行，效果如图 1-4 所示。

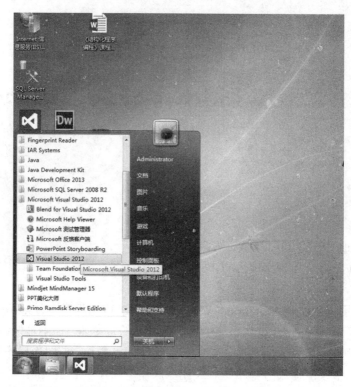

图 1-1　Visual Studio 2012 编译器

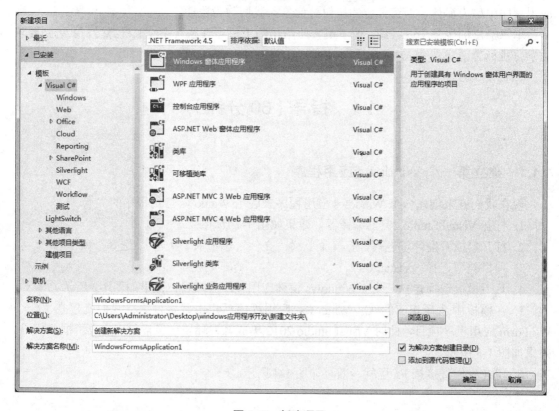

图 1-2　新建项目

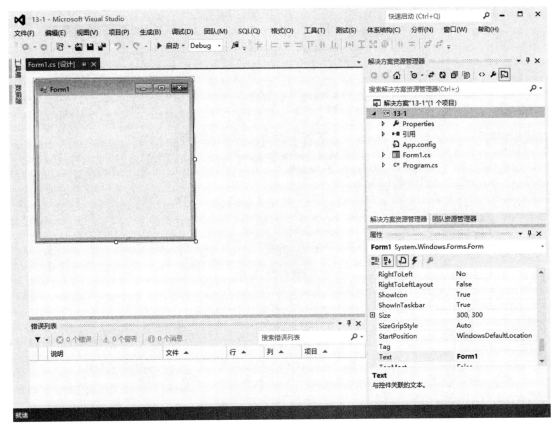

图 1-3　WinForm 应用程序项目

图 1-4　运行结果

这就是我们的第一个 Windows 窗体应用程序，我们并没有写一行代码就创建出了一个图形界面的应用程序。

1.1.2　新建窗体

为项目再添加一个窗体的步骤如下：

1. 选中 13-1 解决方案，右键选择"添加"，效果如图 1-5 所示。

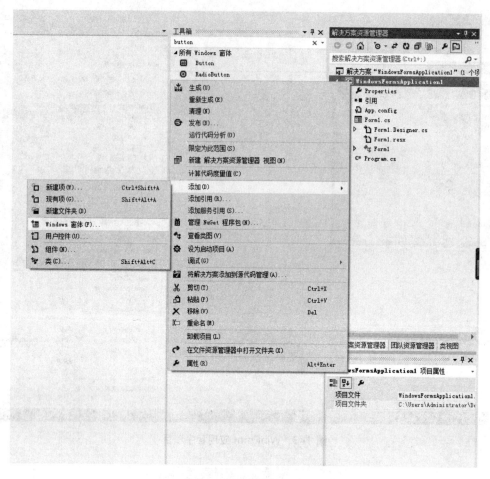

图 1-5 添加新窗体

2. 选择"Windows 窗体"选项。
3. 修改窗体名称为 FrmLogin.cs,效果如图 1-6 所示。

图 1-6 修改窗体名称

1.1.3 查看解决方案资源管理器中的文件

打开 Program.cs 文件，将 Main() 函数中的 Application.Run(new Form1()); 改为 Application.Run(new FrmLogin()); 按 F5 执行，看看效果。

1.2 练习（60分钟）

1. 独立建立一个 Windows 应用程序项目。
2. 配置应用程序。
3. 设置窗体的属性。
4. 研究一下窗体的属性和事件。

1.3 作业

熟悉和掌握 Visual Studio 2012 集成开发环境的常用菜单使用方法。掌握如何新建 Windows 应用程序，了解如何打开已建立好的应用程序项目，掌握如何生成应用程序，掌握帮助的使用。

第 2 章 C#语言

本阶段目标

完成本章内容后，你将能够：
✧ 了解和掌握变量的声明和使用。
✧ 基本掌握常用的表达式的使用。
✧ 掌握流程控制语句的使用和选择。
✧ 掌握数组和字符串的一般使用。

本阶段给出的步骤全面详细，请学员按照给出的上机步骤独立完成上机练习，以达到要求的学习目标。请认真完成下列步骤。

2.1 指导（60 分钟）

2.1.1 条件语句 if…else 基本操作

企业根据利润提成发放奖金。

企业发放的奖金根据利润提成。利润 i 低于或等于 10 万元，奖金可提 10%；利润高于 10 万元，低于 20 万元（100000<i<=200000）时，低于 10 万元的部分按 10%提成，高于 10 万元的部分，可以提成 7.5%；200000<i<=400000 时，低于 20 万元的部分仍按上述办法提成（下同）。高于 20 万元的部分按 5%提成；400000<i<=600000 时，高于 40 万元的部分按 3%提成；600000<i<=1000000 时，高于 60 万元的部分按 1.5%提成；i>1000000 时，超过 100 万元的部分按 1%提成。从键盘输入企业利润 i，求应发奖金总数。

如果利润为 75 万元，则应发奖金总数为：
100000*0.10+100000*0.075+200000*0.05+200000*0.03+150000*0.015=35750。

计算高一个级别的奖金，则相对的低级别的奖金是已经明确的，所以可能把低级别的奖金作为常数来考虑。

1. 变量的声明

```
int mIncome;    //利润提成，整型变量
int mTotal;     //奖金总数，整型变量
```

2. 读入用户收入

```
//Console.ReadLine()为控制台输入
//int.Parse()为把字符串解析为整型数据
mIncome = int.Parse(Console.ReadLine());
```

3. 计算奖金总数

```
if (mIncome <= 100000)
{
    mTotal = mIncome * 10 / 100;
}
else if (mIncome <= 200000)
{
    mTotal = (mIncome - 100000) * 75 / 1000 + 10000;
}
else if (mIncome <= 400000)
{
    mTotal = (mIncome - 200000) * 5 / 100 + 17500;
}
else if (mIncome <= 600000)
{
    mTotal = (mIncome - 400000) * 3 / 100 + 27500;
}
else if (mIncome <= 1000000)
{
    mTotal = (mIncome - 6000000) * 15 / 1000 + 33500;
}
else
{
    mTotal = (mIncome - 1000000) * 1 / 100 + 39500;
}
```

4. 完整代码

示例代码 2-1：XT_if 项目中的 Program.cs 完整代码

```
using System;
using System.Collections.Generic;
using System.Linq;
using System.Text;
namespace XT_if
{
    class Program
    {
        static void Main(string[] args)
```

```csharp
{
    //整型变量声明
    int mIncome;    //利润提成
    int mTotal;     //奖金总数
    // Console.Write()为控制台输出
    Console.Write("Please input your income: ");
    //Console.ReadLine()为控制台输入
    //int.Parse()为把字符串解析为整型数据
    mIncome = int.Parse(Console.ReadLine());
    //if…else 语句
    if (mIncome <= 100000)
    {
        mTotal = mIncome * 10 / 100;
    }
    else if (mIncome <= 200000)
    {
        mTotal = (mIncome - 100000) * 75 / 1000 + 10000;
    }
    else if (mIncome <= 400000)
    {
        mTotal = (mIncome - 200000) * 5 / 100 + 17500;
    }
    else if (mIncome <= 600000)
    {
        mTotal = (mIncome - 400000) * 3 / 100 + 27500;
    }
    else if (mIncome <= 1000000)
    {
        mTotal = (mIncome - 600000) * 15 / 1000 + 33500;
    }
    else
    {
        mTotal = (mIncome - 1000000) * 1 / 100 + 39500;
    }
    //Console.WriteLine()为控制台输出
    Console.WriteLine("Tax:{0}", mTotal);
}
}
}
```

执行如上代码后的运行结果如图 2-1 所示。

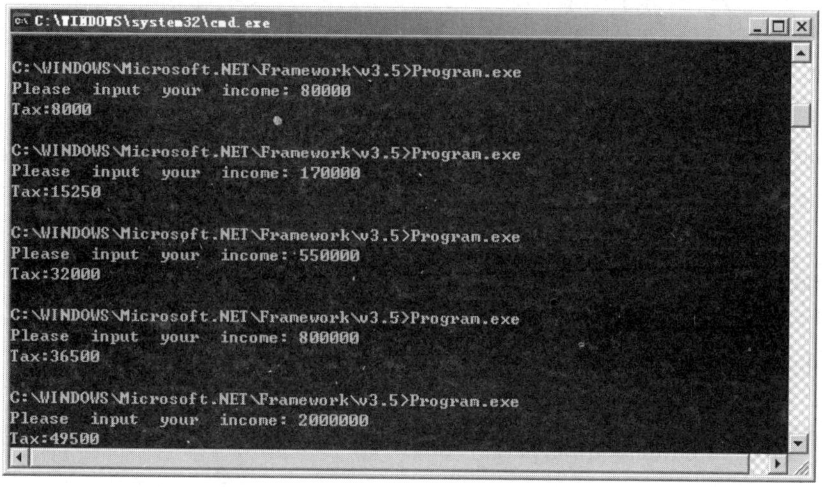

图 2-1　XT_if 项目的执行结果

2.1.2　分支语句 switch…case 基本操作

根据输入等级代码，显示等级名称。

根据用户输入等级代码，显示用户等级名称。1 对应高级，2 对应中级，3 对应初级，其他为待定。

1. 变量的声明

```
int    mLevelNumber;//  用户等级代码，整型变量
string   mLevelName;//用户等级名称，字符串变量
```

2. 读入用户输入等级代码

```
mLevelNumber=int.Parse(Console.ReadLine());
```

3. 设置用户等级名称

```
switch (mLevelNumber)
 {
     case 1:
       mLevelName = "高级";
       break;
     case 2:
       mLevelName = "中级";
       break;
     case 3:
       mLevelName = "初级";
       break;
     default:
       mLevelName = "待定";
       break;
 }
```

4. 完整代码

示例代码 2-2：XT_switch 项目中的 Program.cs 完整代码

```csharp
using System;
using System.Collections.Generic;
using System.Linq;
using System.Text;

namespace XT_switch
{
    class Program
    {
        static void Main(string[] args)
        {
            int mLevelNumber;
            string mLevelName;
            Console.Write("Please input level nember:");
            mLevelNumber = int.Parse(Console.ReadLine());
            switch (mLevelNumber)
            {
                case 1:
                    mLevelName = "高级";
                    break;
                case 2:
                    mLevelName = "中级";
                    break;
                case 3:
                    mLevelName = "初级";
                    break;
                default:
                    mLevelName = "待定";
                    break;
            }
            Console.WriteLine("Output level name:{0}", mLevelName);

        }
    }
}
```

执行如上代码后的运行结果如图 2-2 所示。

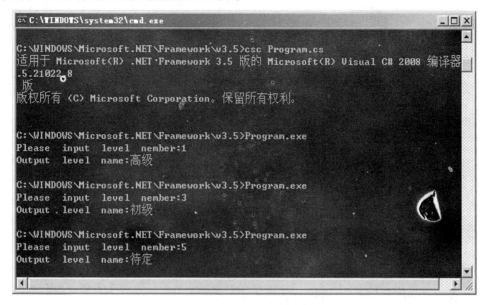

图 2-2　XT_switch 项目的执行结果

2.1.3　循环语句 for 基本操作

求 Fibonacci 数列前 20 个数。

Fibonacci 数列的特点是：第 1，2 两个数为 1，1。从第三个数开始，该数是其前面两个数之和。即：F(1)=1(n=1)；F(2)=1(n=2)；F(n)=F(n-1)+F(n-2)(n>=3)。

1. 数组变量的声明

```
//数组声明,并初始化为缺省值
int[] a=new int[20];
```

2. 数组元素的赋值

```
a[0]=1;
```

3. 创建循环控制变量

```
int i;
```

4. 循环计算数据

```
//循环开始
  for(i=2;i<20;i++)
  {
    a[i]=a[i-1]+a[i-2];
  }
//循环结束
```

5. 完整代码

示例代码 2-3：XT_for 项目中的 Program.cs 完整代码

```csharp
using System;
using System.Collections.Generic;
using System.Linq;
using System.Text;

namespace XT_for
{
    class Program
    {
        static void Main(string[] args)
        {
            //数组声明，并初始化为缺省值
            int[] a = new int[20];
            a[0] = 1;
            a[1] = 1;
            //创建循环控制变量
            int i;
            //循环开始
            for (i = 2; i < 20; i++)
            {
                a[i] = a[i - 1] + a[i - 2];
            }
            //循环结束
            //数据显示
            for (i = 0; i < 20; i++)
            {
                Console.WriteLine("{0}:{1}", (i + 1), a[i]);
            }
        }
    }
}
```

执行如上代码后的运行结果如图 2-3 所示。

```
C:\WINDOWS\system32\cmd.exe
1:1
2:1
3:2
4:3
5:5
6:8
7:13
8:21
9:34
10:55
11:89
12:144
13:233
14:377
15:610
16:987
17:1597
18:2584
19:4181
20:6765
请按任意键继续. . .
```

图 2-3　XT_for 项目的执行结果

2.1.4　循环语句 while 基本操作

计算 n!（n 的阶乘）。求前 20 的阶乘。

如 4！=4*3*2*1

1. 变量的声明并初始化

```
int total=1;
```

2. 创建循环控制变量

```
int i=1;
```

3. 循环计算数据

```
   //循环开始
   while(i<21)
   {
total*=i;
Console.WriteLine("{0}!Result：{1}",i,total);
   i++;
   }
   //循环结束
```

4. 完整代码

示例代码 2-4：XT_while 项目中的 Program.cs 完整代码

```
using System;
using System.Collections.Generic;
using System.Linq;
using System.Text;
```

```
namespace XT_while
{
    class Program
    {
        static void Main(string[] args)
        {
            int i = 1;
            long total = 1;
            // 循环开始
            while (i < 21)
            {
                total *= i;
                Console.WriteLine("{0}!Result：{1}", i, total);
                i++;
            } //循环结束

        }
    }
}
```

其 do…while 语句完整代码如下：

示例代码 2-5：XT_dowhile 项目中的 Program.cs 完整代码

```
using System;
using System.Collections.Generic;
using System.Linq;
using System.Text;

namespace XT_dowhile
{
    class Program
    {
        static void Main(string[] args)
        {
            int i = 1;
            long total = 1;
            //循环开始
            do
            {
                total *= i;
                Console.WriteLine("{0}!Result：{1}", i, total);
```

```
            i++;

      } while (i < 21);    //循环结束
   }
  }
}
```

执行如上代码后的运行结果如图 2-4 所示。

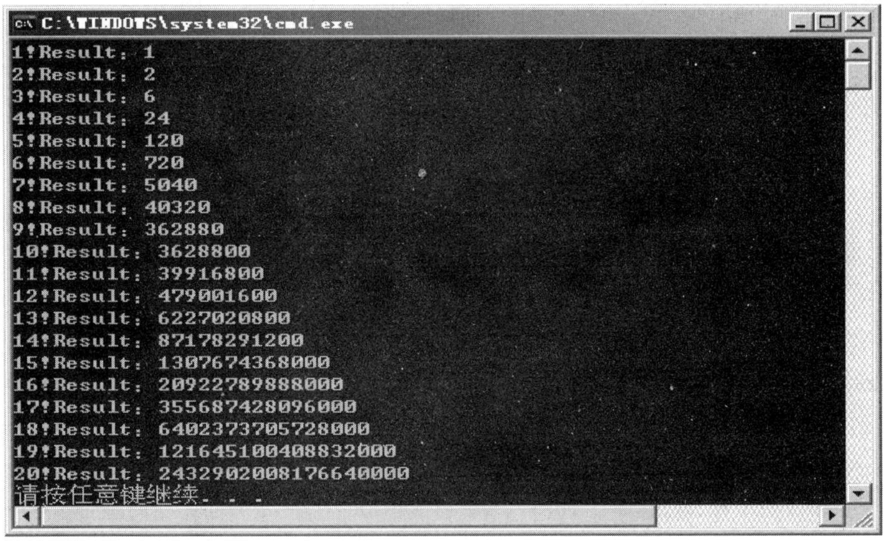

```
C:\WINDOWS\system32\cmd.exe
1!Result: 1
2!Result: 2
3!Result: 6
4!Result: 24
5!Result: 120
6!Result: 720
7!Result: 5040
8!Result: 40320
9!Result: 362880
10!Result: 3628800
11!Result: 39916800
12!Result: 479001600
13!Result: 6227020800
14!Result: 87178291200
15!Result: 1307674368000
16!Result: 20922789888000
17!Result: 355687428096000
18!Result: 6402373705728000
19!Result: 121645100408832000
20!Result: 2432902008176640000
请按任意键继续. . .
```

图 2-4　XT_while 项目与 XT_dowhile 项目的执行结果

2.2　练习（60 分钟）

1. 根据用户输入的分数，给出分数的等级。用户输入的分数范围是 0 到 100；分数等级为 A、B、C、D 和 E 五个等级。它们对应关系是：90~100 为 A，80~89 为 B，70~79 为 C，60~69 为 D 和 0~59 为 E。（使用 switch…case 语句）。

提示：

a）分数等级的划分基本上为 10 个基本分为一个基本等级。

b）合并几个基本等级为一个等级。

2. 实现 n！（n 的阶乘）。（用 for 语句实现）

提示：

通过控制台读入 n，

判断 n 是否大于 0，

计算通过 for 循环计算乘积（需要考虑结果值的大小）。

3. 打印杨辉三角形（打印出 10 行）。（杨辉三角是（a+b）的 n 次方的系数）

提示：杨辉三角形的效果如图 2-5 所示，注意连线的关系。

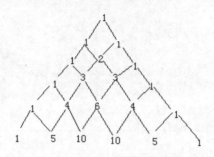

图 2-5　杨辉三角示意图

2.3　作业

利用随机数模拟 10000 个人的年龄和性别，以 5 年为一个年龄段对年龄和性别进行统计，给出统计结果。（for 和 if...else 语句的使用）

下面给出随机数的生成过程：

Random　ran=new　Random();
ran.Next(maxValue);//生成不大于 maxValue 值的非负整数
ran.Next(minValue,maxValue);//生成介于 minValue 值和 maxValue 值之间的一个整数

第 3 章 WinForm 基础

本阶段目标

完成本章内容后，你将能够：
◇ 了解事件声明和事件处理。
◇ 掌握窗体控件（Form）的应用。
◇ 掌握按钮控件（Button）的应用。
◇ 掌握 MessageBox 对话框的常用方式。

本阶段给出的步骤全面详细，请学员按照给出的上机步骤独立完成上机练习，以达到要求的学习目标。请认真完成下列步骤。

3.1 指导（60 分钟）

3.1.1 窗体的应用

窗体和控件应用。

继续第 1 章上机部分的练习，我们继续做 EBuy 这个项目。
首先打开 EBuy 项目，打开 Form1 窗体，将窗体设计如图 3-1 所示。

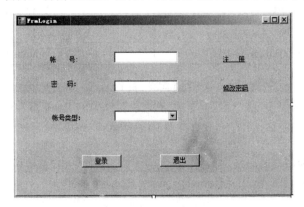

图 3-1 EBuy 的登录界面

窗体中使用的控件和控件的属性设置如表 3-1。

表 3-1 窗体中控件及属性设置

控件类型	控件属性	控件属性值
Label 控件	Name	lblLoginId
	Text	账　号：
Label 控件	Name	lblLoginPwd
	Text	密　码：
Label 控件	Name	lblLoginType
	Text	账号类型：
LinkLabel 控件	Name	linkLblZhuce
	Text	注　册
LinkLabel 控件	Name	linklblChangePwd
	Text	修改密码
TextBox 控件	Name	txtLoginId
TextBox 控件	Name	txtLoginPwd
	PasswordChar	*
ComboBox 控件	Name	comboBoxLoginType
	Items	客户　管理员
Button 控件	Name	buttonOk
	Text	登录
Button 控件	Name	buttonCancel
	Text	退出

选中 Form1 窗体，选择属性窗口，按表 3-2 修改窗体的属性。

表 3-2 Form1 窗体的属性

属性	值
Name	FrmLogin
Text	FrmLogin
Icon	自己选择一个图标
AcceptButton	buttonOk

如何在打开应用程序时提示欢迎信息？我们在窗体（Form）加载时使用对话框（MessageBox）来显示欢迎信息，而窗体加载使用了窗体中的 Load 事件，即要声明 Load 事件。

1. 双击 FrmLogin 窗体，请在 Load 事件中添加如下代码：

示例代码 3-1：EBuy 项目中 FrmLogin.cs 中的 FrmLogin_Load 事件完整代码
```
private void FrmLogin_Load(object sender, EventArgs e)
{
    MessageBox.Show("欢迎使用本系统~","温馨提示");
}
```

2. 添加名为 FrmAddcustomer 的窗体，该窗体用来展示注册用户信息的功能。

3. 要注册新客户必须跳转到 FrmAddcustomer 窗体，我们就需要用 LinkLabel 控件的单击事件。打开登录窗体的设计器窗口，找到"注册"链接标签，双击"注册"标签，在 linkLblZhuce_LinkClicked() 事件中添加如下代码：

示例代码 3-2：EBuy 项目中 FrmLogin.cs 中的 linkLblZhuce_LinkClicked 事件完整代码

```
private void linkLblZhuce_LinkClicked(object sender, LinkLabelLinkClicked EventArgs e)
{//用户点击"注册"标签后，出现一个新的"FrmAddcustomer"窗口
    FrmAddcustomer f = new FrmAddcustomer();//创建 FrmAddcustomer 窗体对象
    f.Show();//显示新窗体
    this.Hide();//隐藏本窗体
}
```

4. Button 也有 Click 事件，双击"退出"按钮添加如下代码：

示例代码 3-3：EBuy 项目中 FrmLogin.cs 中的 buttonCancel_Click 事件完整代码

```
private void buttonCancel_Click(object sender, EventArgs e)
{
    DialogResult dr = MessageBox.Show("您确定要退出此系统吗？", "温馨提示", MessageBoxButtons.OKCancel, MessageBoxIcon.Question);
    if (dr == DialogResult.OK)//当提示"您确定要退出此系统吗？"时，点击"确定"按钮，结束整个程序
    {
        Application.Exit();//结束整个程序
    }
    else
        return;
}
```

5. 双击"登录"按钮添加如下代码：

示例代码 3-4：EBuy 项目中 FrmLogin.cs 中的 buttonOk_Click 事件完整代码

```
private void buttonOk_Click(object sender, EventArgs e)
{
    if (txtLoginId.Text == "")//判断账号是否为空，如果是空的提示账号不能为空
    {
        MessageBox.Show("账 号 不 能 为 空", "温 馨 提 示",
```

```
                MessageBoxButtons.OK,
            MessageBoxIcon.Information);
                    txtLoginId.Focus();//txtLoginId 获得焦点
                }
                else
                {
                    if (txtLoginPwd.Text == "")//判断密码是否为空，如果是空的提示密码不能为空
                    {
                        MessageBox.Show("密码不能为空", "温馨提示",
MessageBoxButtons.OK,
            MessageBoxIcon.Information);
                        txtLoginPwd.Focus();//txtLoginPwd 获得焦点
                    }
                    else
                    {
                        if (comboBoxLoginType.Text == "")//判断登录类型是否为空，如果是空的提示登录类型不能为空
                        {
                            MessageBox.Show("请选择您的登录类型","温馨提示",
MessageBoxButtons.OK, MessageBoxIcon.Information);
                            comboBoxLoginType.Focus();

                        }
                        else
                        {
                            //如果账号、密码、登录类型都不为空提示可以登录～～
                            MessageBox.Show("可以登录～～","您好");
                        }
                    }
                }
            }
        }
```

6. 示例完整代码：

示例代码 3-5：EBuy 项目中 FrmLogin.cs 的完整代码

```
using System;
using System.Collections.Generic;
using System.ComponentModel;
```

```csharp
using System.Data;
using System.Drawing;
using System.Linq;
using System.Text;
using System.Windows.Forms;
using System.Data.SqlClient;

namespace EBuy
{
    public partial class FrmLogin : Form
    {
        public FrmLogin()
        {
            InitializeComponent();
        }

        private void FrmLogin_Load(object sender, EventArgs e)
        {
            MessageBox.Show("欢迎使用本系统~", "温馨提示");
        }

        private void linkLblZhuce_LinkClicked(object sender, LinkLabelLinkClickedEventArgs e)
        {//用户点击"注册"标签后,出现一个新的"FrmAddcustomer"窗口
            FrmAddcustomer f = new FrmAddcustomer();
            f.Show();
            this.Hide();
        }

        private void buttonCancel_Click(object sender, EventArgs e)
        {
            DialogResult dr = MessageBox.Show("您确定要退出此系统吗?", "温馨提示", MessageBoxButtons.OKCancel, MessageBoxIcon.Question);
            if (dr == DialogResult.OK) //当提示"您确定要退出此系统吗?"时,点击"确定"按钮,结束整个程序
            {
```

```csharp
            Application.Exit();//结束整个程序
        }
        else
            return;

}

        private void buttonOk_Click(object sender, EventArgs e)
        {

            if (txtLoginId.Text == "")//判断账号是否为空,如果是空的提示账号不能为空
            {
                MessageBox.Show(" 账 号 不 能 为 空 ", " 温 馨 提 示 ", MessageBoxButtons.OK,
                    MessageBoxIcon.Information);
                txtLoginId.Focus();//txtLoginId 获得焦点
            }
            else
            {
                if (txtLoginPwd.Text == "")//判断密码是否为空,如果是空的提示密码不能为空
                {
                    MessageBox.Show(" 密 码 不 能 为 空 ", " 温 馨 提 示 ", MessageBoxButtons.OK,
                        MessageBoxIcon.Information);
                    txtLoginPwd.Focus();//txtLoginPwd 获得焦点
                }
                else
                {
                    if (comboBoxLoginType.Text == "")//判断登录类型是否为空,如果是空的提示登录类型不能为空
                    {
                        MessageBox.Show("请选择您的登录类型","温馨提示",
                            MessageBoxButtons.OK, MessageBoxIcon.Information);
                        comboBoxLoginType.Focus();
                    }
                    else
                    {
                        //如果账号、密码、登录类型都不为空提示可以登录~~
```

```
            MessageBox.Show("可以登录～～","您好");
                }
              }
            }
          }
        }
      }
    }
```

3.2 练习（60分钟）

实现窗体（Form）中窗体关闭、按钮响应和简单事件的提示信息。

3.3 作业

1. 如何用窗体（Form）来显示对话框信息？
2. 按照以下要求实现两个窗体。
    - 在项目中添加两个窗体。
    - 设置第一个窗体为主窗体。
    - 在主窗体中加入事件。
    - 在事件中显示第二个窗体，第二个窗体显示不是采用 Show()方法而是采用 ShowDialog()方法。

第 4 章 Windows 窗体常用控件

本阶段目标

完成本章内容后,你将能够:
✧ 熟悉 Windows 窗体的常用控件的属性设置。
✧ 了解 TextBox、Button、ComboBox 和 RadioButton 等控件的部分事件处理。

本阶段给出的步骤全面详细,请学员按照给出的上机步骤独立完成上机练习,以达到要求的学习目标。请认真完成下列步骤。

4.1 指导(60 分钟)

继续前一章上机部分的练习,我们继续做 EBuy 这个项目。

4.1.1 窗体 FrmBuy(商品购买界面)

在项目中添加两个窗体 FrmBuy(商品购买界面)和 FrmCustomer(商品信息界面),将 FrmBuy 窗体设计如图 4-1 所示。

图 4-1 EBuy 项目的商品购买界面效果图

1. 属性设置

按表 4-1 设置窗体中 Label（标签）控件的属性。

表 4–1　Label（标签）控件的属性

Name 属性	Text 属性
lblBuycomcat	商品类别：
lblBuyCusid	用户 ID：
lblBuyComid	商品编号：
lblBuyComname	商品名称：
lblBuyComprice	商品价格：
lblBuyAmount	商品数量：
lblBuyyingfu	应付金额：
lblBuyshifu	实付金额：

按表 4-2 设置窗体中几个 TextBox（文本框）控件的属性。

表 4–2　TextBox（文本框）控件的属性

Name 属性	ReadOnly 属性
txtBuyCusid	False
txtBuyComid	False
txtBuyComname	False
txtBuyComprice	False
txtBuyAmount	False
txtBuyyingfu	False
txtBuyshifu	False

按表 4-3 设置窗体中两个 Button（按钮）控件的属性。

表 4–3　Button（按钮）控件的属性

Name 属性	Text 属性
btnBuyOk	确定
btnBuyCancel	返回

按表 4-4 设置窗体中一个 ComboBox（组合框）控件的属性。

表 4–4　ComboBox（组合框）控件的属性

Name 属性	Items 属性
cboBuycomcat	体育、生活

2. 添加事件代码

根据实际，输入到文本框"商品数量"中的字符必须是数字字符 0～9，这样就需要对输入时按下的键进行检查。如果输入的字符是 0～9，则可以输入，否则就不能输入。即需要用到文本框中的 KeyDown 和 KeyPress 事件。

数字字符为 Keys.D0 到 Keys.D9（0～9 键）和 Keys.NumPad0 到 Keys.NumPad9（数字键盘上的 0～9 键），这里需要注意的是——Keys.Back（退格）认为是有效的输入。

（1）首先，在 FrmBuy.cs 下，声明一个非数字字符标志 nonNumberEntered

```csharp
private bool nonNumberEntered = false;
```

（2）在商品数量 txtBuyAmount 的属性设计器中找到 KeyDown 事件和 KeyPress 事件，双击产生 KeyDown 和 KeyPress 事件，在事件中添加如下代码：

```csharp
private void txtBuyAmount_KeyDown(object sender, KeyEventArgs e)
{
    nonNumberEntered = false;
    if (e.KeyCode < Keys.D0 || e.KeyCode > Keys.D9)
    { // e.KeyCode 指的是键盘所输入的字符，Keys.D0 指的是键盘上的字符 0
        if (e.KeyCode < Keys.NumPad0 || e.KeyCode > Keys.NumPad9)
        { // Keys.NumPad0 指的是小键盘的字符 0
            if (e.KeyCode != Keys.Back) // Keys.Back 指的是退格符
            {
                nonNumberEntered = true;
            }
        }
    }
}
private void txtBuyAmount_KeyPress(object sender, KeyPressEventArgs e)
{
    if (nonNumberEntered)
    {
        e.Handled = true;
    }
}
```

请同学们将运行的主窗体改为 FrmBuy 实际运行体验一下。

（3）双击商品类别 cboBuycomcat 控件，生成 SelectedIndexChanged 事件，在事件中添加如下代码：

```csharp
private void cboBuycomcat_SelectedIndexChanged(object sender, EventArgs e)
{
    string str = cboBuycomcat.Text;
    MessageBox.Show("您选择的商品类别是 "+str, "温馨提示");
}
```

显示效果如图 4-2 所示。

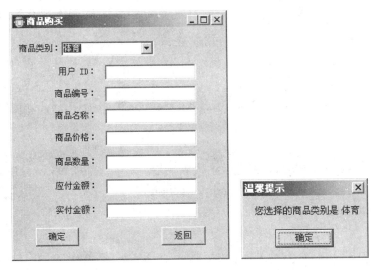

图 4-2 商品类别改变时，提示消息（右图）

4. 添加对商品类别，商品编号等购买信息的验证方法 ValidateBuy()，代码如下：

```csharp
private int ValidateBuy()
{
    if (txtBuyComid.Text == "")//商品编号为空时
    {
        MessageBox.Show("请填写您要购买的商品编号", "温馨提示", MessageBoxButtons.OK, MessageBoxIcon.Information);
        return 0;
    }
    else if (txtBuyAmount.Text == "" || txtBuyAmount.Text == "0")
    //购买商品数量为空时，或者数量为 0 时
    {
        MessageBox.Show("请填写您要购买的商品数量", "温馨提示", MessageBoxButtons.OK,
            MessageBoxIcon.Information);
        return 0;
    }
    else if (txtBuyCusid.Text == "")//用户账号为空时
    {
        MessageBox.Show("请填写您的 ID", "温馨提示", MessageBoxButtons.OK,
            MessageBoxIcon.Information);
        return 0;
    }
    else if (txtBuyshifu.Text == "")//付款金额为空时
    {
```

```
            MessageBox.Show(" 请 您 结 账 、 谢 谢 合 作 ！ ", " 温 馨 提 示 ",
MessageBoxButtons.OK, MessageBoxIcon.Information);
        return 0;
    }
    else if (double.Parse(txtBuyshifu.Text) < double.Parse(txtBuyyingfu.Text))
    //所付金额小于购买商品所需金额时
    {
        MessageBox.Show("您所缴纳款额不足", "温馨提示", MessageBoxButtons.OK,
            MessageBoxIcon.Information);
        return 0;
    }
    else return 1;
}
```

5. 点击 "确定" 按钮时的事件为 btnBuyok_Click 事件, 代码如下:

```
private void btnBuyOk_Click(object sender, EventArgs e)
{
        if(ValidateBuy() == 0)
    return;
    if (dr == DialogResult.OK)
    {
        double yu = (double.Parse(txtBuyshifu.Text)) - (double.Parse(txtBuyyingfu.Text));
//yu 表示付款后的余额
        MessageBox.Show("购买成功,购物余额为:" + yu.ToString(), "温馨提示",
MessageBoxButtons.OK, MessageBoxIcon.Information);
    }
}
```

6. 点击 "返回" 按钮返回新建的窗体 FrmCustomer (商品信息界面), 产生 btnBuyCancel_Click 事件, 在事件中添加如下代码:

```
private void btnBuyCancel_Click(object sender, EventArgs e)
{
    FrmCustomer f = new FrmCustomer();
    f.Show();
    this.Hide();
}
```

4.1.2 窗体 FrmChangepassword（修改密码界面）

在项目中添加一个新的窗体 FrmChangepassword（修改密码界面）如图 4-3 所示。

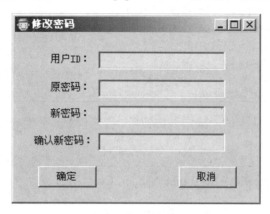

图 4-3 修改密码界面

1. 属性设置

按表 4-5 设置窗体中几个 Label（标签）控件的属性。

表 4-5 Label（标签）控件的属性

Name 属性	Text 属性
lblChangeCusid	用户 ID：
lblyuanPwd	原密码：
lblnewPwd	新密码：
lblnewPwdagain	确认新密码：

窗体中几个 TextBox（文本框）控件的属性设置如表 4-6。

表 4-6 TextBox（文本框）控件的属性

Name 属性	PasswordChar 属性
txtChangeCusid	空
txtyuanPwd	*
txtnewPwd	*
txtnewPwdagain	*

窗体中两个 Button（按钮）控件的属性设置如表 4-7。

表 4-7 Button（按钮）控件的属性

Name 属性	Text 属性
btnChangeOK	确定
btnChangeCancel	取消

2. 添加事件代码

（1）双击登录界面的"修改密码"时，跳转到修改密码界面，在 FrmLogin.cs 中生成

linklblChangePwd_LinkClicked 事件，代码如下：

```csharp
private void linklblChangePwd_LinkClicked(object sender, LinkLabelLinkClickedEventArgs e)
{
    FrmChangepassword f = new FrmChangepassword();
    f.Show();
    this.Hide();
}
```

（2）点击修改密码界面上的"确定"按钮后，提示消息，产生 btnChangeOK_Click 事件，在其中添加代码如下：

```csharp
private void btnChangeOK_Click(object sender, EventArgs e)
{
    if (txtChangeCusid.Text == "" || txtyuanPwd.Text == "" || txtnewPwd.Text == "" || txtnewPwdagain.Text == "")//当账号，原密码，新密码，确认密码有一项为空时
    {
        MessageBox.Show("信息不完整，请补充信息！","温馨提示", MessageBoxButtons.OK, MessageBoxIcon.Information);
    }
    else
    {
        if (txtnewPwd.Text == txtnewPwdagain.Text)//新密码与确认密码相符时，密码修改成功
        {
            MessageBox.Show("密码修改成功，下次登录请输入新密码！","温馨提示", MessageBoxButtons.OK, MessageBoxIcon.Information);
        }
        else
        {
            MessageBox.Show("两次新密码输入不一致，请您核对后再修改！","温馨提示", MessageBoxButtons.OK, MessageBoxIcon.Information);
            txtnewPwd.Clear();//清空新密码框和确认密码框
            txtnewPwdagain.Clear();
            txtnewPwd.Focus();//使新密码框获得焦点
        }
    }
}
```

（3）点击修改密码界面的"取消"按钮后返回登录界面，产生 btnChangeCancel_Click 事件，在其中添加如下代码：

```
private void btnChangeCancel_Click(object sender, EventArgs e)
{
  FrmLogin f = new FrmLogin();
  f.Show();
  this.Hide();
}
```

TextBox 控件最常用的事件是 TextChanged 事件。
ComboBox 控件最常用的事件是 SelectedIndexChanged 事件。
Form 窗体最常用的事件是 Load 事件。
Button 控件最常用的事件是 Click 事件。
事件的声明是通过属性窗口中的事件界面选择相关事件来设置的，并由 Visual Studio 2012 自动产生事件声明代码，而且此代码在*.Designer.cs 文件中。

4.2 练习（60分钟）

请同学们继续完成窗体 FrmAddCustomer（新增客户信息界面）。首先将 Ebuy 项目中的 FrmAddCustomer 窗体设计成如图 4-4 所示。

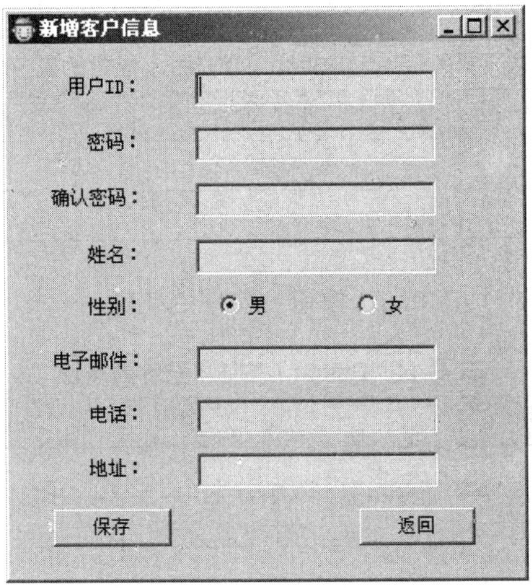

图 4-4 新增客户信息界面

1. 属性设置

按表 4-8 设置窗体中几个 Label（标签）控件的属性。

表 4-8　Label（标签）控件的属性

Name 属性	Text 属性
lblCusId	用户 ID：
lblCusPwd	密码：
lblCusPwdAgain	确认密码：
lblCusName	姓名：
lblSex	性别：
lblEmail	电子邮件：
lblPhone	电话：
lblAddress	地址：

按表 4-9 设置窗体中几个 TextBox（文本框）控件的属性。

表 4-9　TextBox（文本框）控件的属性

Name 属性	PasswordChar 属性
txtCusId	空
txtCusPwd	"*"
txtCusPwdAgain	"*"
txtCusName	空
txtEmail	空
txtPhone	空
txtAddress	空

按表 4-10 设置窗体中一个 RadioButton（单选框）控件的属性。

表 4-10　RadioButton（单选框）控件的属性

Name 属性	Text 属性	Checked 属性
rdoMale	男	True
rdoFemale	女	False

按表 4-11 设置窗体中两个 Button（按钮）控件的属性。

表 4-11　Button（按钮）控件的属性

Name 属性	Text 属性
btnSave	保存
btnClose	返回

2. 添加事件代码

（1）点击"保存"按钮时的事件为 btnSave_Click 事件，代码如下：

```csharp
private void btnSave_Click(object sender, EventArgs e)
{
    if (txtCusId.Text == "")//账号为空时
    {
        MessageBox.Show("请填写客户代码,以方便您登录","温馨提示", MessageBoxButtons.OK, MessageBoxIcon.Information);
        txtCusId.Focus();
        return;
    }
    if (txtCusPwd.Text == "")//密码为空时
    {
        MessageBox.Show("请填写客户密码,以方便您登录","温馨提示",MessageBoxButtons.OK, MessageBoxIcon.Information);
        txtCusPwd.Focus();
        return;
    }
    if (txtCusPwdAgain.Text == "")//确认密码为空时
    {
        MessageBox.Show("请填写客户密码,以方便您登录","温馨提示",MessageBoxButtons.OK, MessageBoxIcon.Information);
        txtCusPwdAgain.Focus();
        return;
    }
    if (txtCusName.Text == "")//姓名为空时
    {
        MessageBox.Show("请填写客户姓名","温馨提示", MessageBoxButtons.OK, MessageBoxIcon.Information);
        txtCusName.Focus();
        return;
    }
    if (txtCusPwd.Text == txtCusPwdAgain.Text)//当两次密码相符时,注册成功
    {
        DialogResult dr = MessageBox.Show("请牢记您的客户代码与密码,确定注册吗?","温馨提示", MessageBoxButtons.OKCancel, MessageBoxIcon.Question);
        if (dr == DialogResult.OK)
        {
            MessageBox.Show("恭喜您成功注册,请返回登录!","温馨提示", MessageBoxButtons.OK, MessageBoxIcon.Information);
        }
```

```
        }
        else
        {
            MessageBox.Show("两次密码输入不一致，请重新设定！","温馨提示",
MessageBoxButtons.OK, MessageBoxIcon.Warning);
            txtCusPwdAgain.Clear();//清空密码框和确认密码框
            txtCusPwd.Clear();
            txtCusPwd.Focus();//使密码框获得焦点
        }
    }
```

（2）点击"返回"按钮时的事件为 btnClose_Click 事件，代码如下：

```
private void btnClose_Click(object sender, EventArgs e)//点击返回时，返回登录界面
{
    FrmLogin f = new FrmLogin();
    f.Show();
    this.Hide();
}
```

4.3 作业

1. 体积计算。三个文本框用于输入长宽高，一个标签显示体积，一个按钮用于计算。提示：三个文本框必须验证输入是否是数字，长宽高有可能是小数。

2. 学校、系和专业联动选择。选择不同的学校，根据学校的系设置系的选择，不同的系有不同的专业（练习对三个组合选择框的使用）。

3. 在一些应用当中，个人信息中的爱好是分为两级的，如果第一级没有选择，则其下的第二级是不可以选择的。请用 CheckBox 控件实现其选择。

第 5 章　C#Windows 容器和菜单控件

本阶段目标

完成本章后，你将能够：
- 掌握分组控件（GroupBox 和 Panel）的使用。
- 掌握选项卡控件（TabControl）的使用。
- 掌握菜单、工具栏和状态栏控件的使用。

本阶段给出的步骤全面详细，请学员按照给出的上机步骤独立完成上机练习，以达到要求的学习目标。请认真完成下列步骤。

5.1　指导（60 分钟）

继续前一章上机部分的练习，我们继续做 EBuy 这个项目。

5.1.1　窗体 FrmRunCommodity (商品管理)

在项目中添加一个窗体 FrmRunCommodity（商品管理）界面，我们将 FrmRunCommodity 窗体设计成如图 5-1 所示的界面。在 TabControl 控件中有三个 TabPages 选项卡，属性设置如表 5-1 所示。图 5-1 是第一个 TabPages（新增商品）选项卡的设置界面。

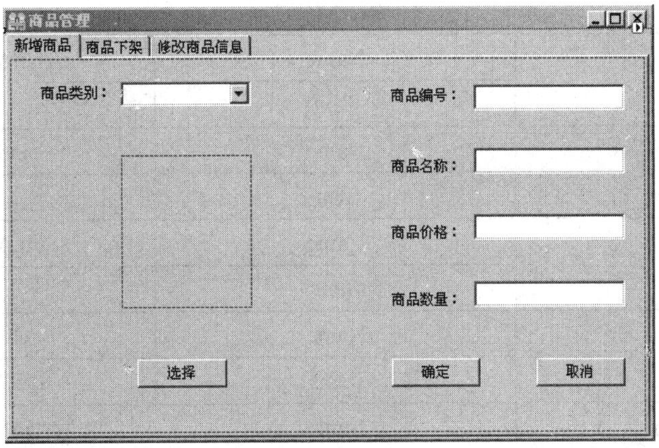

图 5-1　商品管理界面

按表 5-1 设置 FrmRunCommodity 窗体中控件的属性。

表 5-1 窗体中各控件的属性

控件类型	属性名	属性值
TabPage	Name	tpAddcom
	Text	新增商品
TabPage	Name	tpDeletecom
	Text	商品下架
TabPage	Name	tpUpdatecom
	Text	修改商品信息
Label	Name	lblIncomcatid
	Text	商品类别：
Label	Name	lblAddComid
	Text	商品编号：
Label	Name	lblAddComname
	Text	商品名称：
Label	Name	lblAddComprice
	Text	商品价格：
Label	Name	lblAddComamount
	Text	商品数量：
TextBox	Name	txtAddComid
	ReadOnly	False
TextBox	Name	txtAddComname
	ReadOnly	False
TextBox	Name	txtAddComprice
	ReadOnly	False
TextBox	Name	txtAddComamount
	ReadOnly	False
Button	Name	btnAddPicture
	Text	选择
Button	Name	btnAddOK
	Text	确定
Button	Name	btnAddCancle
	Text	取消
ComboBox	Name	cboComcat
	Items	体育、生活
PictureBox	Name	picBoxAdd

在该窗体类中定义字符串变量 path 用来记录图片所在路径。代码如下：

```csharp
public string path = "";//用来记录图片的路径
```

定义方法 showPic ()用来显示图片，代码如下：

```csharp
public void showPic()//显示图片
{
    OpenFileDialog op = new OpenFileDialog();//定义对话框
    if (op.ShowDialog() == DialogResult.OK)
    {
        path = op.FileName;//所选路径赋值给全局变量 path;
        this.picBoxAdd.Image = Image.FromFile(path);
    }
}
```

点击图 5-1 所示的"选择"按钮，在其点击事件下输入以下代码：

```csharp
private void btnAddPicture_Click(object sender, EventArgs e)
{
    showPic();
}
```

在"确定"按钮的点击事件下填写如下代码来实现提示信息的功能：

```csharp
private void btnAddOK_Click(object sender, EventArgs e)
{
    string strComCat = cboComcat.Text;
    string strComId = txtAddComid.Text;
    string strComName = txtAddComname.Text;
    string strComPrice = txtAddComprice.Text;
    int amount = int.Parse(txtAddComamount.Text );
    string strmsg = "商品种类为：" + strComCat + "\n 商品编号为：" + strComId + "\n 商品名称为：" +
    strComName + "\n 商品数量为：" + amount;
    MessageBox.Show(strmsg ,"你好");
}
```

运行效果如图 5-2 所示。

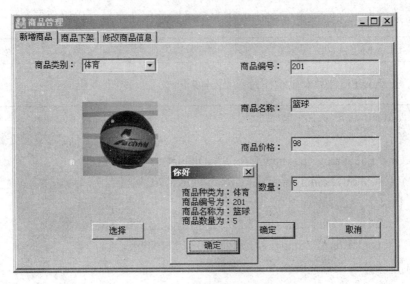

图 5-2 添加商品效果图

我们将 FrmRunCommodity 窗体中第一个选项卡设计完后紧接着再设计第二个选项卡如图 5-3 所示,这是第二个 TabPages(商品下架)选项卡的设置界面。

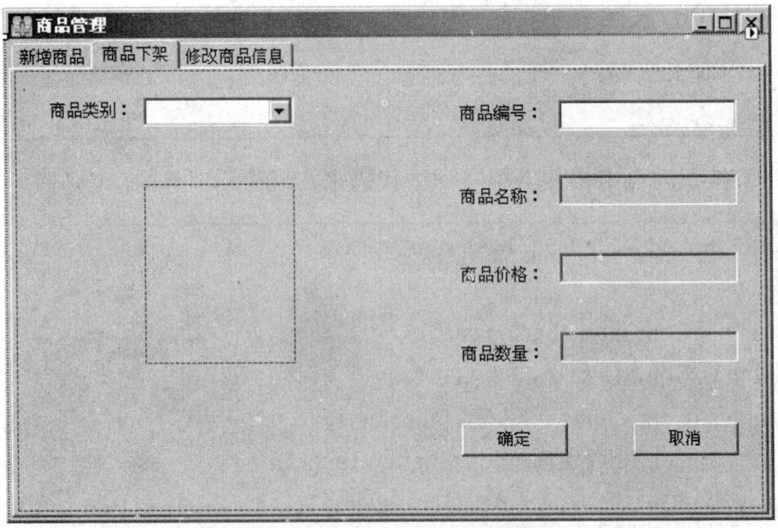

图 5-3 EBuy 项目的商品管理界面

按表 5-2 设置 FrmRunCommodity 窗体第二个选项卡中控件的属性。

表 5-2 窗体中各个控件的属性

控件类型	属性名	属性值
Label	Name	lblDecomcatid
	Text	商品类别:
Label	Name	lblDeComID
	Text	商品编号:

续表

控件类型	属性名	属性值
Label	Name	lblDeComname
	Text	商品名称：
Label	Name	lblDeComprice
	Text	商品价格：
Label	Name	lblDeAmount
	Text	商品数量：
TextBox	Name	txtDeComID
	ReadOnly	False
TextBox	Name	txtDeComName
	ReadOnly	True
TextBox	Name	txtDeComprice
	ReadOnly	True
TextBox	Name	txtDeAmount
	ReadOnly	True
Button	Name	btnDeOK
	Text	确定
Button	Name	btnDeCancle
	Text	取消
ComboBox	Name	cboDeComcat
	Items	体育、生活
PictureBox	Name	picBoxDelete

我们将 FrmRunCommodity 窗体中第二个选项卡设计完后紧接着再设计第三个选项卡如图 5-4 所示，这是第三个 TabPages（修改商品信息）选项卡的设置界面。

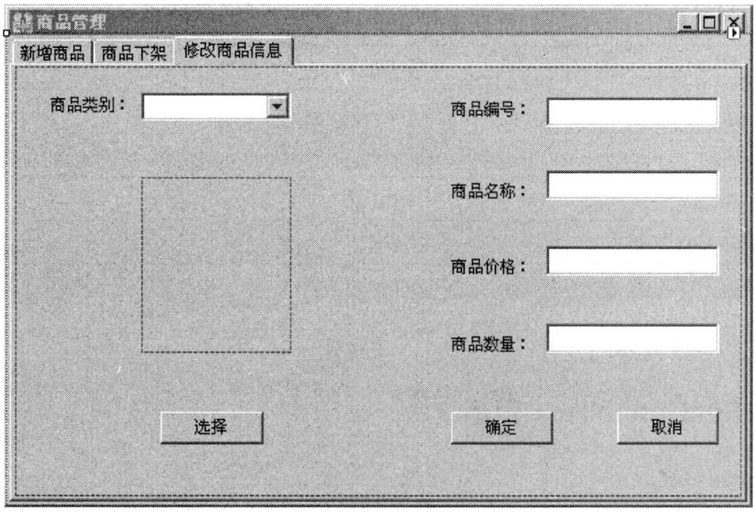

图 5-4　EBuy 项目的商品管理界面

按表 5-3 设置 FrmRunCommodity 窗体第三个选项卡中控件的属性。

表 5-3 窗体中各个控制的属性

控件类型	属性名	属性值
Label	Name	lblUpComcat
	Text	商品类别：
Label	Name	lblUpComid
	Text	商品编号：
Label	Name	lblUpComname
	Text	商品名称：
Label	Name	lblUpComprice
	Text	商品价格：
Label	Name	lblUpComid
	Text	商品数量：
TextBox	Name	txtUpComid
	ReadOnly	False
TextBox	Name	txtUpComname
	ReadOnly	False
TextBox	Name	txtUpComprice
	ReadOnly	False
TextBox	Name	txtUpAmount
	ReadOnly	False
Button	Name	btnUppicture
	Text	选择
Button	Name	btnUpOK
	Text	确定
Button	Name	btnUpCancle
	Text	取消
ComboBox	Name	cboUpComcat
	Items	体育、生活
PictureBox	Name	picBoxUpdate

设置完该窗体之后，请同学们自行填写相应简单代码，对于添加，修改，删除的具体实现我们要再学完与数据库的连接之后才能真正实现。

5.1.2 窗体 FrmController（管理）

我们把 FrmRunCommodity（商品管理）界面设置完之后，在项目中再添加一个窗体 FrmController（管理）界面，我们将 FrmController 窗体设计成如图 5-5 所示的界面。

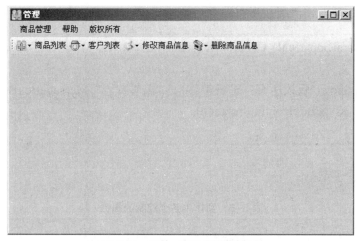

图 5-5 EBuy 项目的管理界面

如图 5-5 所示，这个界面是由"MenuStrip 控件"和"ToolStrip 控件"组成的。我们要先设置"MenuStrip 控件"如图 5-6 所示。

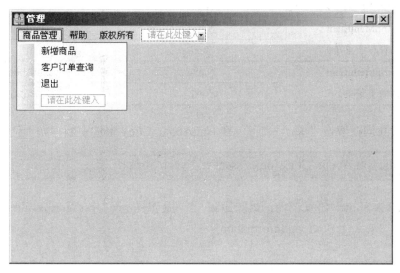

图 5-6 向管理页面添加菜单栏

按表 5-4 设置 MenuStrip 中控件的属性。

表 5-4 窗体中各个控制的属性

控件类型	属性名	属性值
ToolStripMenuItem	Name	tsmiComrun
	Text	商品管理
ToolStripMenuItem	Name	tsmiHelp
	Text	帮助
ToolStripMenuItem	Name	tsmiCopyright
	Text	版权所有

设置完后我们再双击"版权所有",在 tsmiCopyright_Click 事件中编写如下代码:

```
private void tsmiCopyright _Click(object sender, EventArgs e)
{
MessageBox.Show("版权所有:迅腾国际!", "温馨提示", MessageBoxButtons.OK,
        MessageBoxIcon.Information);
}
```

按表 5-5 设置子菜单。

表 5-5 窗体中各个控制的属性

控件类型	属性名	属性值
ToolStripMenuItem	Name	tsmiNewcom
(商品管理子菜单)	Text	新增商品
ToolStripMenuItem	Name	tsmiCusOrder
(商品管理子菜单)	Text	客户订单查询
ToolStripMenuItem	Name	tsmiExit
(商品管理子菜单)	Text	退出
ToolStripMenuItem	Name	tsmiAbout
(帮助子菜单)	Text	关于系统

设置完后我们在双击"关于系统",在 tsmiAbout_Click 事件中编写如下代码:

```
private void tsmiAbout_Click (object sender, EventArgs e)
{
MessageBox.Show("研发部门:迅腾国际!", "温馨提示", MessageBoxButtons.OK,
        MessageBoxIcon.Information);
}
```

双击"新增商品",在 tsmiNewcom_Click 事件中编写如下代码:

```
private void tsmiNewcom_Click (object sender, EventArgs e)
{
    FrmRunCommodity f = new FrmRunCommodity();
f.Show();
    this.Hide();
}
```

双击"退出",在 tsmiExit _Click 事件中编写如下代码:

```
private void tsmiExit _Click (object sender, EventArgs e)
{
FrmLogin f = new FrmLogin();
f.Show();
this.Hide();
}
```

接下来我们再设置"ToolStrip 控件",如图 5-7 所示。

图 5-7　向管理界面添加工具栏

按表 5-6 设置 ToolStrip 控件的属性:

表 5-6　窗体中各个控制的属性

控件类型	属性名	属性值
ToolStripDropButton	Name	tsddCominfo
	Image	图片(请同学们自选图片)
ToolStripLabel	Name	tsCominfo
	Text	商品列表
ToolStripDropButton	Name	tsddCusinfo
	Image	图片
ToolStripLabel	Name	tsCusinfo
	Text	客户列表:
ToolStripDropButton	Name	tsddUpdatecom
	Image	图片
ToolStripLabel	Name	tsUpdatecom
	Text	修改商品信息
ToolStripDropButton	Name	tsddDelete
	Image	图片
ToolStripLabel	Name	tsDeletecom
	Text	删除商品信息

"ToolStrip 控件"设置完之后,双击属性名为"tsddUpdatecom"的图片,在 tsddUpdatecom_Click 事件中编写如下代码:

```
private void tsddUpdatecom_Click (object sender, EventArgs e)
{
FrmRunCommodity f = new FrmRunCommodity();
f.Show();
this.Hide();
}
```

双击属性名为"tsddDelete"的图片，在 tsddDelete_Click 事件中编写如下代码：

```
private void tsddDelete_Click (object sender, EventArgs e)
{
FrmRunCommodity f = new FrmRunCommodity();
f.Show();
this.Hide();
}
```

5.1.3 窗体 FrmLogin (登录)

在 5.1.2 小节中我们已经很熟练的运用了"MenuStrip 控件"，在这一节我们在窗体 FrmLogin（登录）界面中再添加这个控件，上面有一个"换肤"菜单，如图 5-8 所示。

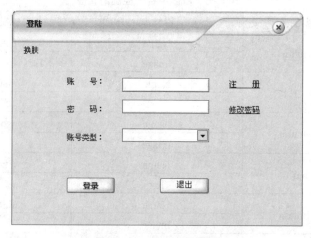

图 5-8　换肤登录界面

按表 5-7 设置 MenuStrip 控件的属性。

表 5-7　MenuStrip 控件的属性

控件类型	属性名	属性值
ToolStripMenuItem	Name	tsmiSkin
	Text	换肤

该部分内容本书提供附件，包括 IrisSkin2.dll 文件，一个 skin 文件夹，一个 SkinClass.cs 文件，一个说明文档和一个示例。下面我们来看一下如何给我们的项目来进行"换肤"。

第一步：添加引用，将 IrisSkin2.dll 引用进项目中。如图 5-9、图 5-10 所示。

图 5-9 通过资源管理器添加引用

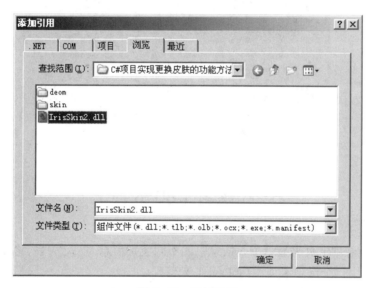

图 5-10 添加引用

第二步：然后在解决方案资源管理器里右击"项目"→"添加"→"新建文件夹"，文件夹名为 skin。

建完 skin 文件夹后再右击这个"文件夹"→"添加"→"现有项"，在弹出的文件选择框里选*.*所有文件，再把解压出来的 skin 文件夹里的所有文件全选进去。

这时候我们可以看到 skin 文件夹里已经有了我们添加的所有的换肤文件了。再按 Ctrl 键选中所有的 skin 文件夹里的文件，在属性栏里可以看到"生成操作"一栏，默认选项是"无"，我们把它改成"嵌入的资源"。

第三步：我们新建一个类 SkinClass，把我们提供的 SkinClass.cs 文件的代码复制进去，别忘了这个类有三处需要把命名空间改成你自己的。

第四步：编写菜单文件。刚刚我们已经添加了一个菜单栏控件，而且有一个一级菜单"换肤"，我们双击菜单栏的换肤，在其点击事件中书写如下代码：

```
private void tsmiSkin_Click（object sender, EventArgs e）
{
SkinClass.AddSkinMenu(tsmiSkin);
}
```

编写完之后同学们在运行此项目时，在项目中的"登录界面"点击"换肤"，选择其中一个皮肤，如图 5-11 所示的界面是其中一个，是不是美观多啦？大家赶紧试试吧！

图 5-11　换肤后的界面

5.2　练习（60 分钟）

1. 利用多个选项卡页来显示个人信息中的不同类别信息（人际关系、教育、工作经验）。每一个类别信息用一个选项卡页（TabPage）来管理。

2. 使用 ToolStrip 实现新增、编辑、保存和浏览信息功能，使用消息框（MessageBox）来提示点击的具体功能。

5.3　作业

在同一个窗体中分别使用菜单栏（MenuStrip）和工具栏（ToolStrip）实现换肤功能。

第6章 ADO.NET 的简单应用（1）

本阶段目标

完成本章内容后，你将能够：
◆ 了解 ADO.NET。
◆ 了解数据提供程序。
◆ 掌握 Connection、Command、DataAdapter、DataReader、DataSet 对象。
◆ 掌握对数据库数据的查询操作。

本阶段给出的步骤全面详细，请学员按照给出的上机步骤独立完成上机练习，以达到要求的学习目标。请认真完成下列步骤。

6.1 指导（60分钟）

继续前一章上机部分的练习，我们继续做 EBuy 这个项目。

6.1.1 数据库 EBuy

创建一个名为 "EBuy" 的数据库，包含 commodity（商品信息表）、commodiy_cate（商品类别表）、controllers（管理员用户表）、customers（客户信息表）、orderlist（订单信息表）五个表分别按表 6-1 至表 6-5 设置。

表 6–1 commodity 表结构

列名	类型	约束
ComID（商品编号）	varchar(20)	primary key
CatID（商品类别编号）	varchar(6)	foreign key references commodiy_cate(CatID)
ComName（商品名称）	varchar(10)	not null
ComPrice（商品价格）	decimal(10,2)	not null
Amount（商品数量）	varchar(20)	not null
ComPicture（商品图片）	image	null

表 6-2 commodiy_cate 表结构

列名	类型	约束
CatID（商品类别编号）	varchar(6)	primary key
CatName（商品类别名称）	varchar(10)	not null

表 6-3 controllers 表结构

列名	类型	约束
ConID（管理员编号）	varchar(6)	primary key
ConName（管理员姓名）	varchar(6)	not null
ConPassword（密码）	varchar(20)	not null

表 6-4 customers 表结构

列名	类型	约束
CusID（客户编号）	varchar(6)	primary key
CusName（客户姓名）	varchar(10)	not null
CusPassword（客户密码）	varchar(20)	not null
CusSex（性别）	varchar(2)	not null
Email（Email）	varchar(20)	not null
TelePhoneNo（电话号码）	varchar(20)	not null
Address（地址）	varchar(50)	not null

表 6-5 orderlist 表结构

列名	类型	约束
OrderID（订单流水号）	bigint	primary key
CusID（客户编号）	varchar(6)	foreign key references customers(CusID)
ComID（商品编号）	varchar(20)	foreign key references commodity(ComId)
OrAmount（购买数量）	varchar(10)	not null
PayMoney（付款金额）	decimal(10,2)	not null

6.1.2 设置窗体

1. 窗体 FrmCustomer（客户查询商品界面）

在第 4 章我们已经添加了 FrmCustomer 界面，但是我们并没有设置任何控件。现在就让我们参照图 6-1 来添加一些控件吧。

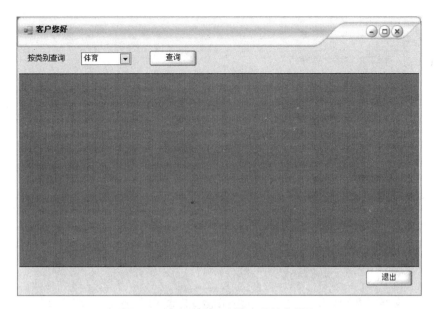

图 6-1　EBuy 项目中的商品信息界面

按照表 6-6 设置 FrmCustomer 窗体中控件的属性。

表 6-6　窗体中各控件的属性

控件名	属性名	属性值
Form	Name	FrmCustomer
	Text	客户您好
Label	Name	lblCat
	Text	按类别查询
ComboBox	Name	cboCat
	Items	体育
		生活
Button	Name	btnReFill
	Text	查询
Button	Name	btnCusCancle
	Text	退出
DataGridView	Name	dgvCommodity
ContextMenuStrip	Name	ctxCom
	Items	tsmiBuy
ToolStripMenuItem（上下文菜单的子菜单）	Name	tsmiBuy
	Text	购买

2．窗体 FrmController（管理界面）

在 EBuy 项目中的 FrmController 窗体原有控件的基础上再添加一个 DataGridView 控件，并把它的 Name 属性值设置为 dgvController，Dock 属性设置成 Bottom，效果如图 6-2 所示。

图 6-2 EBuy 项目中的管理界面

6.1.3 创建类

在程序中我们发现有很多的重复代码，如创建 Connection 对象，每次连接数据库都要创建 Connection 对象，这样是不是很麻烦？为了提高代码的重用性，我们来创建一个类。

（1）在解决方案资源管理器下选中项目名称 EBuy，右键点击选择添加，选择类，效果如图 6-3 所示。弹出一个添加新项对话框，类名定义为 Sqlhelper.cs。

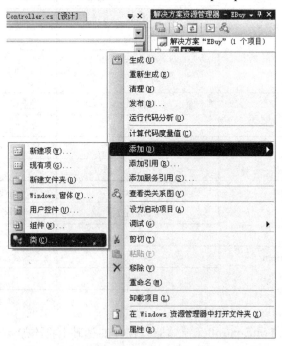

图 6-3 添加一个类

（2）在类中添加如下代码

示例代码 6-1：EBuy 项目中类 Sqlhelper.cs 的完整代码

```csharp
using System;
using System.Collections.Generic;
using System.Linq;
using System.Text;
using System.Data.SqlClient; //添加命名空间
using System.Data; //添加命名空间
namespace EBuy
{
    class Sqlhelper
    {
        public static SqlConnection getCon()//连接数据库，static 静态方法可以直接用类名调用
        {
            SqlConnection con = new SqlConnection("data source=.;initial catalog=EBuy;user id=sa");
            return con;
        }

        public static DataTable getTable(string strsql) //数据库查询，返回一个数据表，参数 strsql 是数据查询语句
        {
            SqlConnection con = Sqlhelper.getCon();
            SqlCommand com = new SqlCommand(strsql, con);
            SqlDataAdapter sda = new SqlDataAdapter(com);
            DataSet ds = new DataSet();
            con.Open();
            sda.Fill(ds);
            con.Close();
            return ds.Tables[0];
        }
    }
}
```

6.1.4 实现登录

打开 FrmLogin 页面设计器，双击"登录"按钮，产生登录按钮的点击事件（buttonOk_Click）事件中添加如下代码：

```csharp
private void buttonOk_Click(object sender, EventArgs e)
{
    if (txtLoginId.Text == "")
    {
        MessageBox.Show("账号不能为空", "温馨提示", MessageBoxButtons.OK,
                    MessageBoxIcon.Information);
        return;
    }
    if (txtLoginPwd.Text == "")
    {
        MessageBox.Show("密码不能为空", "温馨提示", MessageBoxButtons.OK,
                    MessageBoxIcon.Information);
    }
    if (comboBoxLoginType.Text == "")
    {
        MessageBox.Show("请选择您的登录类型", "温馨提示", MessageBoxButtons.OK,
                    MessageBoxIcon.Information);

    }
    if (comboBoxLoginType.Text == "管理员")//用管理员登录
    {
        string strsql = "select ConId,Conpassword from controllers where ConId='" +
                txtLoginId.Text + "'and Conpassword='" + txtLoginPwd.Text + "' ";
        SqlConnection con = Sqlhelper.getCon(); //调用Sqlhelper类中getCon方法来获取 SqlConnection 对象
        SqlCommand com = new SqlCommand(strsql, con);
        con.Open();

        SqlDataReader sdr = com.ExecuteReader();
        if (sdr.Read())
        {
            FrmController f = new FrmController();
            f.Show();
            this.Hide();
        }
        else
        {
            MessageBox.Show("请确定您是否有管理员权限", "温馨提示",
```

```
                    MessageBoxButtons.OK, MessageBoxIcon.Information);
        }
        con.Close();
    }
    if (comboBoxLoginType.Text == "客户")//用客户登录
    {
        string strsql = "select CusId,Cuspassword from customers where CusId='" +
            txtLoginId.Text + "'and Cuspassword='" + txtLoginPwd.Text + "' ";
        SqlConnection con = Sqlhelper.getCon();
        SqlCommand com = new SqlCommand(strsql, con);
        con.Open();
        SqlDataReader sdr = com.ExecuteReader();
        if (sdr.Read())
        {
            FrmCustomer f = new FrmCustomer();
            f.Show();
            this.Hide();
        }
        else
        {
            MessageBox.Show("对不起，查询无您信息，请注册后登录！ ","温馨提示",
                MessageBoxButtons.OK, MessageBoxIcon.Information);
        }
        con.Close();
    }
}
```

> **小贴士**
>
> 本系统实现分级登录，登录时可以选择两种登录方式，一种是客户登录方式，一种是管理员登录方式，不同的登录方式产生不同的操作界面。

6.1.5 客户查询商品页面（FrmCustomer）

当用户以"客户"身份登录的时候，页面跳转到客户查询商品页面（FrmCustomer）。
添加事件代码：
（1）连接数据库要命名空间，我们先添加命名空间。

```
using System.Data.SqlClient;
```

（2）双击"查询"按钮产生 Click 事件（btnReFill_Click），在事件中添加如下代码：

```
private void btnReFill_Click(object sender, EventArgs e)
{
    string strsql = "select ComID 商品编号,ComName 商品名称,ComPrice 商品价格,Amount 商品数
        量,ComPicture 商品样图 from commodity as com inner join commodiy_cate as ca
        on com.CatID=ca.CatID and CatName='" + cboCat.Text + "'";
    DataTable dt = Sqlhelper.getTable(strsql);
    dgvCommodity.DataSource = dt; //在 DataGridView 控件中显示查询结果
}
```

（3）双击上下文菜单（ContextMenuStrip）中的子菜单（购买）产生 Click 事件，添加如下代码：

```
private void 购买 ToolStripMenuItem_Click(object sender, EventArgs e)
{
    FrmBuy f = new FrmBuy();//点击购买跳转到商品购买窗体
    f.Show();
    this.Hide();
}
```

（4）点击"退出"按钮返回 FrmLogin 窗体，产生 btnCusCancle_Click 事件，在 btnCusCancle_Click 事件中添加如下代码：

```
private void btnCusCancle_Click(object sender, EventArgs e)
{
    FrmLogin f = new FrmLogin();
    f.Show();
    this.Hide();
}
```

（5）在 FrmCustomer 窗体的 Load 事件中添加如下代码：

```
private void FrmCustomer_Load(object sender, EventArgs e)//从 commodiy_cate 数据表中
读取商品类别绑定到 ComboBox
{
    string strsql = "select CatId,CatName from commodiy_cate";
    SqlConnection con = Sqlhelper.getCon();
    SqlCommand com = new SqlCommand(strsql, con);
    DataSet ds = new DataSet();
```

```
        SqlDataAdapter sda = new SqlDataAdapter(com);
        con.Open();
        sda.Fill(ds, "commodiy_cate");
        con.Close();
        cboCat.DataSource = ds.Tables[0];
        cboCat.DisplayMember = ds.Tables[0].Columns[1].ToString();
        cboCat.ValueMember = ds.Tables[0].Columns[0].ToString();
    }
```

运行后的界面如图 6-4 所示。

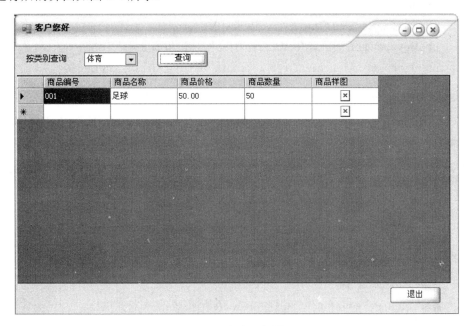

图 6-4　程序运行结果

6.2　练习（60 分钟）

在 6.1 节 EBuy 项目的基础上，请思考完善以下几个窗体及事件等操作。

6.2.1　商品购买界面（FrmBuy）

在客户查询商品页面（FrmCustomer）中，右键点击某件商品，会弹出一个上下文菜单，点击"购买"，跳转到商品购买页面（FrmBuy）。

在 FrmBuy 窗体中，将 txtBuyComname、txtBuyPrice 控件的 ReadOnly 属性设置为 True。
添加事件代码：

（1）双击窗体，产生 FrmBuy_Load 事件，在 Load 事件中添加如下代码：

```csharp
private void FrmBuy_Load(object sender, EventArgs e) //ComboBox 绑定数据表字段
{
    string strsql = "select CatId,CatName from commodiy_cate";
    SqlConnection con = Sqlhelper.getCon();
    SqlCommand com = new SqlCommand(strsql, con);
    DataSet ds = new DataSet();
    SqlDataAdapter sda = new SqlDataAdapter(com);
    con.Open();
    sda.Fill(ds, "commodiy_cate");
    con.Close();
    cboBuycomcat.DataSource = ds.Tables[0];
    cboBuycomcat.DisplayMember = ds.Tables[0].Columns[1].ToString();
    cboBuycomcat.ValueMember = ds.Tables[0].Columns[0].ToString();
}
```

（2）双击 txtBuyComid（商品编号的文本框），产生 txtBuyComid_TextChanged 事件，在事件中添加如下代码：

```csharp
private void txtBuyComid_TextChanged(object sender, EventArgs e) //根据商品编号，其他信息自动变化
{
    string strsql = "select CatID,ComName,ComPrice from commodity where ComID='" +
        txtBuyComid.Text + "'";
    SqlConnection con = Sqlhelper.getCon();
    SqlCommand com = new SqlCommand(strsql, con);
    con.Open();
    SqlDataReader sdr = com.ExecuteReader();
    if (sdr.Read())
    {
        cboBuycomcat.SelectedValue = sdr[0].ToString();
        txtBuyComname.Text = sdr[1].ToString();
        txtBuyComprice.Text = sdr[2].ToString();

    }
}
```

（3）双击"确定"按钮，产生 btnBuyOk_Click 事件，在事件中添加如下代码：

```csharp
private void btnBuyOk_Click(object sender, EventArgs e) //验证信息并购买
{
    if (ValidateBuy()==0)
        return;
    DialogResult dr = MessageBox.Show("您确定购买该商品吗？", "温馨提示",
                    MessageBoxButtons.OKCancel, MessageBoxIcon.Question);
    if (dr == DialogResult.OK)
    {//如果文本框中输入的用户ID与数据库中的相同，显示购物成功，
     //不同显示请注册或核对ID
        string strsql = "select CusID from Customers where CusID='" + txtBuyCusid.Text + "'";
        SqlConnection con = Sqlhelper.getCon();
        con.Open();
        SqlCommand com = new SqlCommand(strsql, con);
        SqlDataReader sdr = com.ExecuteReader();
        if (sdr.Read())
        {
            double yu = (double.Parse(txtBuyshifu.Text)) - (double.Parse(txtBuyyingfu.Text));
            MessageBox.Show("购买成功,购物余额为:" + yu.ToString(), "温馨提示",
                    MessageBoxButtons.OK, MessageBoxIcon.Information);
        }
        else
        {
            MessageBox.Show("系统无您信息、请注册或者核对ID", "温馨提示",
                    MessageBoxButtons.OK, MessageBoxIcon.Information);
        }
        con.Close();
    }
}
```

6.2.2 管理界面（FrmController）

当我们以管理员身份登录的时候，那么程序会跳转到管理界面（FrmController 窗体）。FrmController 窗体在 6.1.2 节我们已经设置好，在此我们对这个窗体用我们所学的新知识来进行功能的完善。

添加事件代码：

（1）打开 FrmController 窗体设计器，双击工具栏中的商品列表（tsddCominfo 控件）的图标，生成 tsddCominfo_Click 事件在事件中添加如下代码来实现 dgvController 控件绑定数据：

```csharp
private void tsddCominfo_Click(object sender, EventArgs e)
{ //在 dgvController 显示查询的内容
    string strsql = "select ComID 商品编号,ComName 商品名称,ComPrice 商品价格,Amount
            商品数量,ComPicture 商品样图,CatName 商品类别  from commodity as
            com inner join commodiy_cate as ca on com.CatID=ca.CatID";
    DataTable dt = Sqlhelper.getTable(strsql);
    dgvController.DataSource = dt;
}
```

（2）双击工具栏中的客户列表（tsddCusinfo 控件）的图标,生成 tsddCusinfo_Click 事件,在事件中添加如下代码：

```csharp
private void tsddCusinfo_Click(object sender, EventArgs e)
{ //在 dgvController 显示查询的内容
    string strsql = "select CusID 客户编号,CusName 客户姓名,CusSex 性别,Email 邮
            箱,TelephoneNo 电话,Address 地址  from customers";
    DataTable dt = Sqlhelper.getTable(strsql);
    dgvController.DataSource = dt;
}
```

（3）双击菜单栏中商品管理子菜单（tsmiCusOrder 控件）中的"客户订单查询",生成 tsmiCusOrder_Click 事件,在事件中添加如下代码：

```csharp
private void tsmiCusOrder_Click(object sender, EventArgs e)
{ //在 dgvController 显示查询的内容
    string strsql = "select OrderID 订单号,CusID 客户编号,ComID 商品编号,OrAmount 购买
            数量,PayMoney 支付金额  from Orderlist";
    DataTable dt = Sqlhelper.getTable(strsql);
    dgvController.DataSource = dt;
}
```

6.2.3 商品管理界面（FrmRunCommodity）

从 6.2.2 节中我们可以看出,点击管理界面（FrmController）工具栏以及菜单栏中的"修改商品信息""删除商品信息"子菜单都会进入商品管理界面（FrmRunCommodity）。如图 6-5 所示。

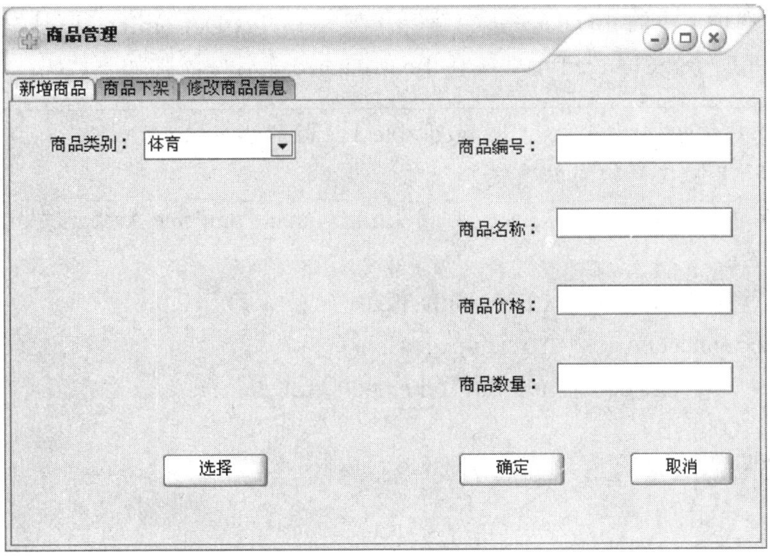

图 6-5　商品管理界面

添加事件代码：

（1）双击 FrmRunCommodity（商品管理）窗体，产生 FrmRunCommodity_Load 事件，在 Load 事件中添加如下代码：

```
private void FrmRunCommodity_Load(object sender, EventArgs e)
{ //分别对新增商品、商品下架、新增商品信息三个选项卡中的 ComboBox 控件进行数据的绑定
    string strsql = "select CatId,CatName from commodiy_cate";
    SqlConnection con = Sqlhelper.getCon();
    SqlCommand com = new SqlCommand(strsql, con);
    DataSet ds = new DataSet();
    SqlDataAdapter sda = new SqlDataAdapter(com);
    con.Open();
    sda.Fill(ds, "commodiy_cate");
    con.Close();
    cboComcat.DataSource = ds.Tables[0];
    cboComcat.DisplayMember = ds.Tables[0].Columns[1].ToString();
    cboComcat.ValueMember = ds.Tables[0].Columns[0].ToString();
    cboDeComcat.DataSource = ds.Tables[0];
    cboDeComcat.DisplayMember = ds.Tables[0].Columns[1].ToString();
    cboDeComcat.ValueMember = ds.Tables[0].Columns[0].ToString();
    cboUpComcat.DataSource = ds.Tables[0];
    cboUpComcat.DisplayMember = ds.Tables[0].Columns[1].ToString();
    cboUpComcat.ValueMember = ds.Tables[0].Columns[0].ToString();
}
```

（2）双击选项卡中的 tpDeletecom（商品下架）中的 txtDeComID（商品编号的文本框），产生 txtDeComID_TextChanged 事件，在 TextChanged 事件中添加如下代码：

```csharp
private void txtDeComID_TextChanged(object sender, EventArgs e)
{//其他信息根据编号信息而改变
    string strsql = "select CatID,ComName,ComPrice,Amount,Compicture from commodity where
                ComID='" + txtDeComID.Text + "'";
    SqlConnection con = Sqlhelper.getCon();
    SqlCommand com = new SqlCommand(strsql, con);
    con.Open();
    SqlDataReader sdr = com.ExecuteReader();
    if (sdr.Read())
    {
       cboDeComcat.SelectedValue = sdr[0].ToString();
       txtDeComName.Text = sdr[1].ToString();
       txtDeComprice.Text = sdr[2].ToString();
       txtDeAmount.Text = sdr[3].ToString();

    }
    sdr.Close();
    con.Close();

}
```

（3）双击选项卡中的 tpUpdatecom（修改商品信息）中的 txtUpComid（商品编号的文本框），产生 txtUpComid_TextChanged 事件，在 TextChanged 事件中添加如下代码：

```csharp
private void txtUpComid_TextChanged(object sender, EventArgs e)
{//其他信息根据编号信息而改变
    string strsql = "select CatID,ComName,ComPrice,Amount,Compicture from commodity where
                ComID='" + txtUpComid.Text + "'";
    SqlConnection con = Sqlhelper.getCon();
    SqlCommand com = new SqlCommand(strsql, con);
    con.Open();
    SqlDataReader sdr = com.ExecuteReader();
    if (sdr.Read())
    {
       cboUpComcat.SelectedValue = sdr[0].ToString();
```

```
            txtUpComname.Text = sdr[1].ToString();
            txtUpComprice.Text = sdr[2].ToString();
            txtUpAmount.Text = sdr[3].ToString();
        }
        sdr.Close();
        con.Close();
    }
```

6.3 作业

分级显示学校，学院，专业，要求使用 ADO.NET 对象。效果如图 6-6、图 6-7 所示。

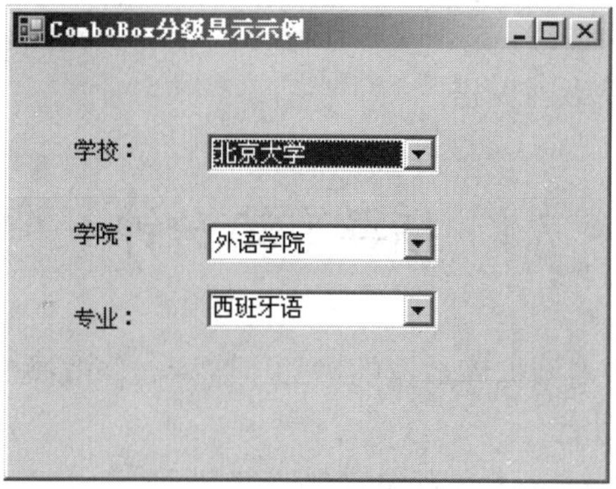

图 6-6 分级联动显示效果

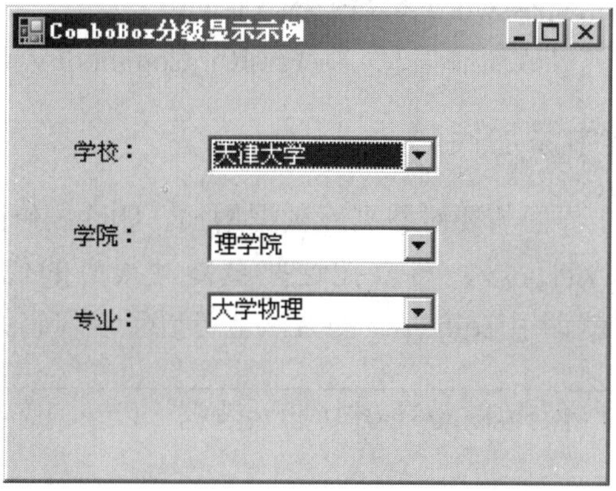

图 6-7 分级联动显示效果

要求：用 ComboBox 控件的 DataSource 属性绑定数据源，DisplayMember 属性绑定显示列，ValueMember 属性绑定实际值。

第7章 ADO.NET 简单应用（2）

本阶段目标

完成本章内容后，你将能够：
◇ 可以对程序进行简单的异常处理。
◇ 实现对数据库数据的增删改操作。

本阶段给出的步骤全面详细，请学员按照给出的上机步骤独立完成上机练习，以达到要求的学习目标。请认真完成下列步骤。

7.1 指导（60分钟）

实现 EBuy 这个项目中对数据库数据的增加、删除、修改操作以及完善 EBuy 项目。我们要实现和完善以下几项功能：

新增用户——FrmAddcustomer（新增客户信息界面）
购买商品——FrmBuy（商品购买界面）
修改密码——FrmChangepassword（修改密码界面）
增添商品，删除商品，修改商品信息——FrmRunCommodity（商品管理界面）

7.1.1 在 Sqlhelper 类中添加代码

在 EBuy 项目中，很多界面需要对数据库数据增加、删除、修改操作，这样重复的代码就会很多。为了简化我们的程序，可以把这些重复性很高的代码写成共用的方法放在 Sqlhelper 类中，在使用时就调用 Sqlhelper 的方法就可以了，代码如下：

```
public static bool insert(string strsql)//插入数据
{
    bool flag = false; //用来表示是否对数据库操作成功，false 表示没有成功
    SqlConnection con = Sqlhelper.getCon();
    SqlCommand com = new SqlCommand(strsql, con);
    con.Open();
    if (com.ExecuteNonQuery() > 0)
```

```
            flag = true;
        con.Close();
        return flag;
    }
    public static bool update(string strsql)//修改数据
    {
        bool flag = false; //用来表示是否可以执行语句 false 表示不能执行
        SqlConnection con = Sqlhelper.getCon();
        SqlCommand com = new SqlCommand(strsql, con);
        con.Open();
        if (com.ExecuteNonQuery() > 0)
            flag = true;
        con.Close();
        return flag;
    }
    public static bool delete(string strsql)//删除数据
    {

        bool flag = false; //用来表示是否可以执行语句 false 表示不能执行
        SqlConnection con = Sqlhelper.getCon();
        SqlCommand com = new SqlCommand(strsql, con);
        con.Open();
        if (com.ExecuteNonQuery() > 0)
            flag = true;
        con.Close();
        return flag;
    }
```

7.1.2 窗体 FrmAddcustomer（新增客户信息界面）

窗体 FrmAddcustomer 要实现新增用户功能，即数据库数据的插入操作，在"保存"按钮的 Click 事件添加相关的代码，示例代码 7-1 是完整代码，请在原来的基础上添加相应"保存"按钮的点击事件代码即可。

示例代码 7-1：EBuy 项目中 FrmAddcustomer.cs 完整的代码

```
using System;
using System.Collections.Generic;
using System.ComponentModel;
using System.Data;
using System.Drawing;
using System.Linq;
```

```csharp
using System.Text;
using System.Windows.Forms;
using System.Data.SqlClient;

namespace EBuy
{
    public partial class FrmAddcustomer : Form
    {
        public FrmAddcustomer()
        {
            InitializeComponent();
        }

        private void btnSave_Click(object sender, EventArgs e)
        {
            string m = "";
            if (rdoMale.Checked == true)
            {
                m = "男";
            }
            else
            {
                m = "女";
            }
            if (txtCusId.Text == "")//账号为空时
            {
                MessageBox.Show("请填写客户代码，以方便您登录", "温馨提示",MessageBoxButtons.OK,
    MessageBoxIcon.Information);
                txtCusId.Focus();
                return;
            }
            if (txtCusPwd.Text == "")//密码为空时
            {
                MessageBox.Show("请填写客户密码，以方便您登录", "温馨提示",MessageBoxButtons.OK,
    MessageBoxIcon.Information);
                txtCusPwd.Focus();
                return;
```

```csharp
            }
            if (txtCusPwdAgain.Text == "")//确认密码为空时
            {
                MessageBox.Show("确认密码不能为空，以方便您登录", "温馨提示",MessageBoxButtons.OK,
    MessageBoxIcon.Information);
                txtCusPwdAgain.Focus();
                return;
            }
            if (txtCusName.Text == "")//姓名为空时
            {
                MessageBox.Show("请填写客户姓名", "温馨提示", MessageBoxButtons.OK,
    MessageBoxIcon.Information);
                txtCusName.Focus();
                return;
            }
            if (txtCusPwd.Text == txtCusPwdAgain.Text)//当两次密码相符时，注册成功
            {
                DialogResult dr = MessageBox.Show("请牢记您的信息代码与密码,确定注册吗？", "温馨提示",
    MessageBoxButtons.OKCancel, MessageBoxIcon.Question);
                if (dr == DialogResult.OK)
                {
                    string strsql = "insert into customers values('" + txtCusId.Text + "','" + txtCusPwd.Text + "','" +
    txtCusName.Text + "','" + m + "','" + txtEmail.Text + "','" + txtPhone.Text + "','" +
    txtAddress.Text + "')";
                    Sqlhelper.insert(strsql);//调用 Sqlhelper 类中的 insert()方法
                    MessageBox.Show("恭喜您成功注册,请返回登录！", "温馨提示",
                        MessageBoxButtons.OK, MessageBoxIcon.Information);
                }
            }
            else
            {
                MessageBox.Show("两次密码输入不一致，请重新设定！", "温馨提示",MessageBoxButtons.OK,
    MessageBoxIcon.Warning);
                txtCusPwdAgain.Clear();//清空密码框和确认密码框
```

```csharp
            txtCusPwd.Clear();
            txtCusPwd.Focus();//使密码框获得焦点
        }
    }

    private void btnClose_Click(object sender, EventArgs e)//点击返回时，返回登录界面
    {
        FrmLogin f = new FrmLogin();
        f.Show();
        this.Hide();
    }
}
```

7.1.3 窗体 FrmRunCommodity（商品管理界面）

窗体 FrmRunCommodity 要实现对商品信息的增添、删除和修改功能，即对数据库数据的增添、删除、修改三部分操作，即在相应控件的事件中添加相应增删改代码。

此外，还要添加如下代码：

```csharp
public string path = "";//用来记录图片的路径
public void showPic()//显示图片的方法
{
    OpenFileDialog op = new OpenFileDialog();//定义打开文件对话框
    if (op.ShowDialog() == DialogResult.OK)
    {
        path = op.FileName;

        this.picBoxAdd.Image = Image.FromFile(path);
        this.picBoxDelete.Image = Image.FromFile(path);
        this.picBoxUpdate.Image = Image.FromFile(path);
    }
}
public byte[] getIma()//获取图片二进制
{
    FileStream fl = File.OpenRead(path);//定义流
    byte[] im = new byte[fl.Length];//定义字节数组
    fl.Read(im, 0, im.Length);
    return im;
}
```

其中，path 变量是用来记录图片的路径，showPic 方法是用来显示图片，getIma 方法则用来获取图片的二进制形式以便向数据库中插入。

在按钮 btnAddOk 单击事件代码中添加相应代码，如示例代码 7-2：

示例代码 7-2：EBuy 项目中 btnAddOk_Click 事件的代码

```csharp
private void btnAddOK_Click(object sender, EventArgs e)
{
    if (txtAddComid.Text == "")//商品编号不能为空
    {
        MessageBox.Show("请填写新增商品编号", "温馨提示", MessageBoxButtons.OK, MessageBoxIcon.Information);
        return;
    }
    if (txtAddComname.Text == "")//商品名称不能为空
    {
        MessageBox.Show("请填写新增商品名称", "温馨提示", MessageBoxButtons.OK, MessageBoxIcon.Information);
        return;
    }
    if (txtAddComprice.Text == "")//商品价格不能为空
    {
        MessageBox.Show("请填写新增商品价格", "温馨提示", MessageBoxButtons.OK, MessageBoxIcon.Information);
        return;
    }
    DialogResult dr = MessageBox.Show("请核对您输入的商品信息无误,确定添加吗？", "温馨提示", MessageBoxButtons.OKCancel, MessageBoxIcon.Information);
    if (dr == DialogResult.OK)
    {
        if (picBoxAdd.Image != null)//图片时不为空时插入商品信息
        {
            string strsql = "insert into commodity (ComID,CatID,ComName,ComPrice,Amount,Compicture) values('" + txtAddComid.Text + "','" + cboComcat.SelectedValue.ToString() + "','" + txtAddComname.Text + "','" + txtAddComprice.Text + "','" + txtAddComamount.Text + "',@pic)";
            SqlConnection con = Sqlhelper.getCon();
            SqlCommand com = new SqlCommand(strsql, con);
            com.Parameters.Add("@pic", SqlDbType.Image).Value = getIma();//设置参数 pic 并赋值
```

```
            con.Open();
            com.ExecuteNonQuery();
            con.Close();
            MessageBox.Show("您已成功更新商品信息", "温馨提示",
MessageBoxButtons.OK, MessageBoxIcon.Information);
        }
        else//没有图片时插入商品信息，调用Sqlhelper的insert()方法
        {
            string strsql = "insert into commodity
(ComID,CatID,ComName,ComPrice,Amount)values('" + txtAddComid.Text + "','" +
cboComcat.SelectedValue.ToString() + "','" + txtAddComname.Text + "','" +
txtAddComprice.Text + "','" + txtAddComamount.Text + ")";
            Sqlhelper.insert(strsql);//调用Sqlhelper的insert()方法
            MessageBox.Show("您已成功更新商品信息", "温馨提示",
MessageBoxButtons.OK, MessageBoxIcon.Information);
        }
    }
    else
    {
        txtAddComid.Clear();//清空商品编号
        txtAddComname.Clear();//清空商品名称
        txtAddComprice.Clear();//清空商品价格
    }
}
```

请同学们自行完成删除、修改等功能。

最后一步，也是很重要的一步，就是测试并完善项目。我们要根据测试的结果，通过修改代码来完善自己的 EBuy。

7.2 练习（60 分钟）

利用理论部分的 PersonInfo 数据库，实现在 DataGridView 中直接删除选中的一行数据。
首先，按照图 7-1 来实现对窗体的设计。
窗体及控件属性如表 7-1 所示。

第 7 章 ADO.NET 简单应用（2）

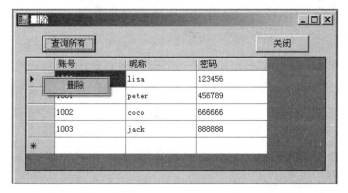

图 7-1 删除数据

表 7-1 窗体及控件的属性

控件名	属性名	属性值
Form	Name	FrmDeleteTest
	Text	删除
Button	Name	btnSelect
	Text	查询所有
Button	Name	btnClose
	Text	关闭
ContextMenuStrip	Name	ctxDelete
	Items	tsmiDelete
ToolStripMenuItem（上下文菜单的子菜单）	Name	tsmiDelete
	Text	删除
DataGridView	Name	dgvSelect
	ContextMenuStrip	ctxDelete

在"查询所有"按钮 btnSelect 的点击事件中添加如下代码：

```
private void btnSelect_Click(object sender, EventArgs e)//点击"查询所有"按钮
{
    string sql = "select pid 账号,pname 昵称,pwd 密码 from pinfo";
    SqlConnection conn = new SqlConnection("data source=.;initial catalog=PersonInfo;user id=sa");
    SqlDataAdapter sda = new SqlDataAdapter(sql, conn);//创建数据适配器
    DataSet ds = new DataSet();//创建数据集
    conn.Open();//打开连接
    sda.Fill(ds, "pinfo");//将数据表填充到数据集
    conn.Close();//关闭连接
    //显示数据
```

```csharp
            dgvSelect.DataSource = ds;
            dgvSelect.DataMember = "pinfo";
    }
```

在"关闭"按钮 btnClose 的点击事件中添加如下代码:

```csharp
    private void btnClose_Click(object sender, EventArgs e)//点击"关闭"按钮,退出整个程序
    {
            Application.Exit();
    }
```

在上下文菜单 ctxDelete 的子菜单 tsmiDelete 的点击事件中添加如下代码:

```csharp
    private void tsmiDelete_Click(object sender, EventArgs e)
    {
            DataGridViewRow row; //定义数据行
            string deletestr = "\n";
            for (int i = 0; i < this.dgvSelect.Rows.Count; i++)
            {
              row = this.dgvSelect.Rows[i]; //遍历每行
              if (row.Selected)//如果这行选中
              {
                  deletestr = deletestr + "delete from Pinfo where pid='" + row.Cells[0].Value.ToString()
                    + "'\n";   //row.Cells[0].Value 为所选中行当第一列的值
              }
            }
            if (MessageBox.Show("确定删除选中的数据?", "温馨提示", MessageBoxButtons.OKCancel) ==
       DialogResult.OK)
            {
              SqlConnection conn = new SqlConnection("data source=.;initial catalog=PersonInfo;user id=sa");
              SqlCommand comm = new SqlCommand(deletestr, conn);
              conn.Open();
              comm.ExecuteNonQuery();//执行 delete 语句
              conn.Close();
              MessageBox.Show("删除成功", "温馨提示");
            }
```

```
            btnSelect_Click(this, null);
        }
```

7.3 作业

  1. 完善窗体 FrmChangepassword（修改密码界面）。窗体要修改密码功能，即对数据库数据的修改操作，在窗体 FrmChangepassword 中"确定"按钮的 Click 事件中添加相关的代码。相关代码请同学们自行完成。

  2. 完善窗体 FrmBuy（购买商品界面）。窗体 FrmBuy 要实现购买商品的功能，即对数据库一些表的修改（商品信息表中的商品数量减少）和增添（交易表中添加交易信息），在这些按钮的 Click 事件中请同学们自行添加代码。

  3. 同学们可以根据自己的兴趣爱好继续给该项目添加或者修改功能。例如：当客户登录系统后，要购买商品时还要再次输入账号，是不是很麻烦呢，这就需要我们设置一个账号，并且这个账号能够在多个窗体之间共享，同学们思考一下该如何实现呢。